AF356259

DESCRIPTION PHYSIQUE

DE LA

CONTRÉE DE LA TAURIDE,

RELATIVEMENT AUX TROIS

REGNES DE LA NATURE.

Pour servir de suite à l'Histoire des Découvertes faites par divers savans Voyageurs dans plusieurs Contrées de la RUSSIE *& de la* PERSE, *&c. Publiée en* 1779. *à* BERNE *& à la* HAYE.

TRADUITE DU RUSSE,

ET

ENRICHIE DE NOTES.

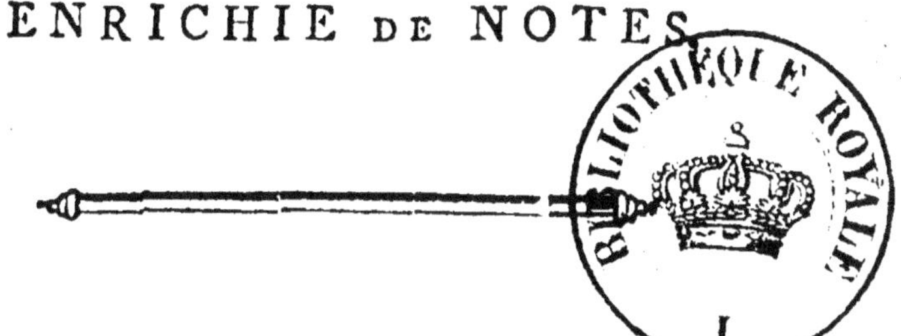

A LA HAYE,

CHEZ J. VAN CLEEF.

M. DCC. LXXXVIII.

(1)

AVERISSEMENT.

L'Ouvrage dont nous donnons ici la Traduction, a été publié en 1785 par l'Académie des Sciences de Petersbourg, sans nom d'Auteur: sa modestie, aparemment, l'a déterminé à garder le silence; car l'ouvrage par lui même, est digne de tous les éloges: la partie de la *Botanique*, surtout, y est traitée avec beaucoup de savoir, de précision & de détail. Elle est même remplie de vues patriotiques très bien saisies. L'Auteur, dans toutes les occasions, indique les plantes à multiplier dans la *Tauride* & les avantages qui doivent en résulter pour le pays &c.

Dans la partie de la *Minéralogie*, l'Auteur laisse, à la vérité, quelque chose à désirer: il semble que, rélativement à cet objet, il n'a fait qu'entrevoir la *Tauride*. Il se peut que les moyens lui ayent manqué: pour aprofondir cette partie, il ne suffit pas de parcourir les montagnes, de voir beaucoup de pays; il faut s'y arrêter longtems, & surtout creuser dans le sein de la terre, pénétrer dans ses entrailles, &c. Or, on sait de reste que ce n'est pas là toujours l'ouvrage d'un simple particulier, dans un pays surtout où l'on rencontre, indépendamment des obstacles généraux, celui du préjugé religieux; car tout bon *Musulman* est ennemi de ces fortes de découvertes & par ignorance & par principe de religion. Pour s'en convaincre on n'a qu'à lire Tournefort & tant d'autres voyageurs qui ont eu à faire aux *Mahométans* dans leurs courses. L'Auteur peut cependant n'avoir pas eu tous ses inconvéniens à combattre: s'il a parcouru

la

la *Tauride* fous les aufpices de l'Impératrice, toutes les difficultés auront, fans doute, été aplanies : le génie fublime de cette grande Souveraine fait donner l'impulfion néceffaire aux recherches de ce genre ; témoin, entre autre, la maniere dont les Pallas, les Gmelin, les Lepechine, &c. ont voyagé dans la vafte étendue de fon Empire, en *Perfe* & en *Géorgie*. Mais nous ignorons abfolument les circonftances dans les quelles l'Auteur s'eft trouvé pendant fes courfes, & il ne nous refte qu'à juftifier l'efpece de critique que nous nous fommes permife à fon égard : critique qui tombe uniquement fur cette forte de laconifme avec lequel il a décrit les *Minéraux* de ces contrées-là. Par exemple, il y indique bien quelques *Mines de Fer* ; mais il ne donne aucune idée de la pofition ni de la direction de leurs *Filons* dans le fein de la Terre. Il parle des produits volcaniques, des *Laves*, des *Pierres-ponces*, &c. mais il ne dit mot s'il en exifte des *Craters*, fi les coulées de ces *Laves* font étendues, fi les *Bafaltes* en font prifmatiques ou irréguliers &c.

Quoiqu'il en foit, l'ouvrage en queftion eft excellent, & ce n'eft point, en aucune façon, pour le déprimer ou pour en diminuer le mérite que nous avons avancé quelques objections. Mais indépendamment de fon mérite intrinfeque, il a encore celui d'être le premier en ce genre, comme le premier auffi qui nous ait donné des idées juftes fur les objets phyfiques de la Crimée. En un mot, c'eft le feul qui foit vraiment bon ; car jufqu'ici on n'en avoit eu que des notions fauffes, des defcriptions erronées : la *Carte* même de Mr. le Chev.

de

de *Kinsbergen*, publiée en 1787 par *H. Friefeman*
à Amfterdam, eft maintenant imparfaite. Elle avoit
été levée avant la jonction de la *Tauride* à l'Empire de *Ruffie*. Or, depuis lors, les lieux ont changé de nom; on leur a donné des noms Ruffes;
on en a bâti de nouveaux; plufieurs ne font même
pas marqués fur cette *Carte*, ou font mal placés.
On n'y trouve, p. e. pas, le Port de *Sevafto-*
polsk, le Cap de *St. George*, le village de *Simiaous-*
fe, *Sfchaban-calé* ou le *Fort des Bergers*, la haute
Montagne de *Tjemerdji*, les rivieres d'*Akar-fou* &
de *Balla-fou*, quelques *Bayes* entre *Parthenide* &
le *Petit Lambat*. Le *Grand Lambat* eft placé derriere *Kifilbafch*, & trop loin dans les terres. Les
Monts d'*Aya-dagh* y font nommés *Monts Sinabda*,
&c. Qu'on juge donc combien doit être précieux
un ouvrage où l'on trouve partout l'exactitude &
la précifion, & qui ne laiffe à défirer que plus de
détails dans quelques parties de fes descriptions
feules.

L'on voit par cet ouvrage que toutes les Montagnes de la *Tauride* font ce qu'on nomme *Secondaires*
& *Tertiaires*; car elles font toutes ou *Argileufes* ou
Schifteufes ou *Calcaires*. Cependant l'on y trouve
auffi quelque part beaucoup de *Criftaux de Roche*,
& des efpeces de *Jafpes*. Ces reftes des *Matieres*
primitives ne prouvent-ils pas que les *Montagnes*
primitives y ont également exifté dans les très anciennes époques; mais qu'ayant effuyé ces révo-
lutions terribles, ces changemens inconcevables
auxquels tout notre globe paroit avoir été affujet-
ti, & ayant été couvertes par les eaux de la mer,

* 3

elles

elles ont été détruites & converties en *Argiles*, en *Schiftes*, parmi lesquels les débris des *Corps Marins* ont formé les *Matieres Calcaires*?

Nous avons conservé la mesure Russe pour les distances des lieux & les dimmensions des *Minéraux*, afin de ne pas tomber dans les fractions en la réduisant en pieds de Roi; mais pour la conection de l'ouvrage, nous allons donner un précis des rapports de cette mesure de France. La nouvelle *Verste* a été fixée par le Gouvernement à 500 *Sajenes*.

Une *Sajene* contient 3 *Archines*.

Une *Archine* contient 16 *Verschocs*, ou 26 pouces 6 lignes & $\frac{4}{15}$ du pied de Roi.

Par conséquent une *Verste* contient 552 *Toises*, 3 pieds, 7 pouces & 6 lignes de France. Et 103 *Verstes* & $\frac{1}{3}$ sont égaux à un *Dégré* du Méridien, celui-ci étant supposé de 57040 *Toises*, ou de 25 lieues communes de France.

La livre de Russie à celle de France, est dans le rapport de 40-33: c'est-à-dire, la *Poude* de Russie pese 40 livres du pays, ou 33 livres poids de marc de France.

Toutes les *Notes* sont du Traducteur; celles de l'Auteur ont été fondues dans le texte, & renfermées dans des *parentheses*.

Comme la *Tauride* est une acquisition toute nouvelle encore pour la *Russie*, nous croyons devoir donner ici un abregé historique de son antiquité. Du tems des *Argonautes*, 1400 ans avant notre *Ere*, cette *Presqu'ile* étoit non seulement connue, mais célébre déja. Ses habitans étoient des

Cim-

Cimmériens, dont ceux qui occupoient la *Partie montueuse*, s'appellòient *Taures*, d'où par la suite des tems, toute la *Presqu'ile* s'appella *Taurique*. Ses côtés Méridionales & Occidentales furent occupées par des colonies Grecques de *Milet*, qui fonderent la ville de *Cherson*, à quelques *Verstes*, vers le Sud-Ouest de *Sevastopol* actuel, & qui surpassa bientôt les autres villes en puissance. Les côtes Orientales, jusqu'au *Don*, étoient au pouvoir des souverains Grecs de *Vospor*, ainsi nommés de la ville de *Vospor*, actuellement *Kertsch*, & qui anciennement s'appelloit *Panticapé*. Mais l'intérieur de la *Presqu'ile* étoit habité par des *Scythes*, dont les invasions fréquentes dans les possessions des *Grecs* obligerent ceux-ci d'implorer le secours de Mithridate, Roi de *Pont*. Ce Prince chassa les *Scythes* & regla le royaume de *Vospor* qui comprenoit alors la partie méridionale de la *Presqu'ile*, avec le continent opposé, jusqu'au *Caucase*. Quant à la partie Occidentale, elle étoit possedée par les *Chersonesiens*, souvent en guerre avec les *Vosporiens*. Du tems de *Dioclétien* les *Sarmates* conquirent tout ce pays. Ils furent remplacés par les *Alanes* & les *Goths*. Vinrent ensuite les Empereurs *Grecs*. Mais les *Huns* & les *Hongres* & après eux les *Cosars*, & à la fin les *Poloutzes* s'en mêlerent aussi.

Vers la fin du 12. siecle les *Genois* s'emparerent de *Pont* & de tous ses Ports, s'établissant sur les côtes de la *Cherfonese Taurique*. Dans le 13e. siecle, les *Moungales* ou les *Tartares*, en chasserent les *Poloutzes* & donnerent le nom de *Crime*, qui veut dire *Forteresse*, à la ville de *Solgate*. Mais les *Genois* y étoient déja si formidables, que les *Moungales* ne purent leur enlever aucun port ni Fort maritime. Ils ont possédé la ville de *Caffa* jusqu'en 1475, que les *Turcs* conquirent toute la *Presqu'ile*.

En 1774, à l'aide de la *Russie*, les *Tartares* de la *Crimée* se déclarerent indépendans ; & en 1783, toute la *Presqu'ile* se réunit à l'*Empire de Russie*, & reprit son ancien nom de *Cherfonese Taurique*. Depuis lors elle est régie par un Gouverneur - Général, après avoir été partagée en 7. Cercles ou Districts ; savoir :

1°. Le Cercle de *Simpheropole* (cy - devant *Ak-metschet.*)

2. De *Levcopol*.

3. d'*Eupatorie* (cy - devant *Koslow* ou *Geslev.*)

4. De *Pérecop*.

5. *Dneprowsk*, sur le *Dnepre*, ou le *Nieper*.

6. De *Melitopol*.

Et 7. De *Thanagorie* (cy - devant *Taman* dans l'*Isle* de ce nom.) *Aktiar* a pris le nom de *Sevastopol*, & *Soudak*, celui d'*Athinée*.

Contre l'ordinaire des *Préfaces*, on ne dira mot, dans celle-ci, de la traduction : on n'a aucune pretention à la beauté ou à l'élégance du stile ; mais on en garantit la fidélité.

DESCRIP-

PREMIERE PARTIE.

De la position physique des Contrées de la Tauride, de la nature & des propriétés de son Sol & de ses Eaux, & de tous les objets du Règne minéral qu'on y rencontre.

———————

La *Tauride*, nouvellement jointe à *l'Empire de Russie*, est située entre le 50 & le 55. degré de Longitude, & entre le 45 & le 47 de Latitude.

Vers le *Nord* elle étend ses domaines jusqu'au Gouvernement de *Catherinoslaw*, à l'Est, elle est entourée par la *Mer d'Azow* & par la Rivière de *Cuban*; & au *Sud*, à *l'Ouest* & au *Nord-Ouest*, par la *Mer Noire*.

Eu égard à la situation & à la nature des Contrées que la *Tauride* renferme, on peut la diviser en 4. *Parties*: en Païs-plat, en Païs-montueux, la Presqu'ile de *Kertsch*, & l'isle de *Taman*, qui toutes contiennent des objets divers, dignes d'être observés. En conséquence

chacune de ces Parties fera décrite ici féparé-
ment.

I^o. Du Pays-plat, ou Uni.

Cette *Partie* eft formée de vaftes *Plaines*,
placées vers le *Nord*, & qui s'étendent depuis
le *Dnieper* jusqu'à *Perecop*, & de là jusqu'aux
Rivières de *Salghir* & de *Boulghanak* Occidental, entre les *Mers Noire*, *d'Azow* & de *Sivache*, (ou *Putride*). Elles fe reffemblent toutes par les propriétés & la nature de leur *Sol*;
& quoiqu'affez élevées au deffus du niveau de
la *Mer*. les *Lacs falés*, les *Salines* & les *Corps
Marins pétrifiés* qu'on y trouve, font croire
qu'elles étoient autrefois couvertes par la *Mer*.

Le Sol eft presque par tout le même : il
confifte en une *Terre franche argileuſe* jaune,
qui mêlée à la fuperficie de *Terreau* provenu
de la pourriture des *Végétaux*, paroît gris-jaunâtre, & abonde, en quelques endroits, en
parties Salines, particulierement dans le Diftrict de *Perecop* & le long de *Sivache* ou la
Mer Putride.

Entre *Perecop* & *Koslow*, & par de-là, le
long du bord de la *Mer-Noire*, on rencontre
fous cette *Argile*, une *Pierre calcaire* en couches :

ches, mêlée de fragmens de *Coquilles* & de *Gra-*
vier (*a*); mais fi poreufe, qu'il eft vifible
qu'elle a été rongée par l'eau.

La fertilité de ce *Sol* n'eft pas uniforme:
elle dépend de fon mélange avec la *Terre noire*
graffe (ou le Terreau) & de fon humidité.

Dans

(*a*) L'Original dit: *Gros Sable de Mer.* C'eft envain
qu'on s'impofe le devoir de traduire litteralement un
Auteur; il eft impoffible de ne pas s'en écarter dans
les endroits du moins ou cet Auteur n'eft pas clair;
comme ici, p. e. Il n'explique nulle part la différence qu'il met entre le *Sable de Mer* & les autres *Sables*,
quoiqu'il fe ferve fouvent de la même dénomination.
Valmont de Bomare, qu'il cite quelquefois, diftingue,
il eft vrai, le *Sable* en trois efpèces générales: le *Sa-*
ble de Terre, celui de *Rivière* & celui de *Mer.* Mais
toutes ces efpèces fe trouvent indifféremment, dans
les *Mers* comme dans les *Continens* & les *Rivières.*
Ainfi le nom générique de *Sable de Mer* ne donne aucune idée de fa nature. Et comme l'Auteur avoit
ajouté l'adjectif de *gros*, on a cru pouvoir le nommer
gravier. On aura la même attention dans le refte de
l'ouvrage.

Il en eft encore de même lorsque l'Auteur dit,
qu'on trouve dans Tauride des *Terreins, compofés de*
Coquilles brifées & de Sable de Mer. C'eft apparemment
le *Falun* qu'il vouloit défigner: d'autant plus que le
nom propre de *Falun* n'exifte pas dans la langue Ruffe.

Dans plufieurs endroits il produit affez de *Végé-*
taux & d'Herbes propres aux Pâturages , & eft fu-
fceptible de différens genres de cultures. On n'y
rencontre nulle part de *Bois ;* cependant les
Jardins des environs de *Koslow* & à la *Pointe de*
Tarchan , où les Arbres fruitiers & autres différentes efpéces croiffent presque fans aucun
foin , prouvent qu'il n'eft pas impoffible de
les y multiplier.

L'Eau des petites Rivières & des Ruiffeaux ,
eft pour la plupart trouble & de mauvais goût ;
ce qui provient de leur fond limoneux & de
la trop grande égalité du Terrein qui l'empêche de couler librement , & la rend presque
ftagnante. Dans les *Puits* de différentes pro-
fondeurs , elle eft fouvent faumâtre , quelquefois infipide , & contient , fuivant la nature du
Sol, plus ou moins de parties Salines. Mais
dans le Diftrict de *Koslow* , où quelques-uns de
ces *Puits* ont jusqu'à 50. *Sajenes* de profondeur , & d'où on la tire à l'aide des Chevaux ,
elle eft excellente & fi claire , qu'elle ne cède
en rien aux meilleures Eaux des *Sources* ou
des *Rivières.*

Les *Lacs Salés* , épars en divers endroits
de ces *Plaines.* font les objets qui méritent le
plus notre attention , tant par les avantages
qu'on

qu'on en retire , que par raport à leur origine..

Ils font à différentes diftances de la *Mer*,
mais en général dans fa proximité : ils différent
auffi entre eux par leur étendue. Leurs Bords
font quelquefois en pentes douces , & quelquefois efcarpés & hauts : les premiers font
pour la plupart des *Marais Salans*, & les autres ont la même efpèce pour *Sol* que leurs environs.

La profondeur de la plupart de ces *Lacs*
n'eft que de 1½ *archine* & le fond des uns eft
Sa lonneux & des autres *Limoneux*.

On ne fauroit remarquer aucun mouvement
particulier ou courant à la fuperficie de leurs
Eaux, & d'où l'on pût conclure qu'ils renferment des *Sources Salées* à leur fond. Quant
aux *Ruiff aux* qui fe rendent dans quelques uns
de ces *Lacs*, leur eau généralement, eft fans
faveur. Ainfi, on ne fauroit tirer d'autre conféquence touchant leur origine, finon qu'ils
étoient jadis joints à la *Mer*, & qu'ils en ont
été féparés par quelque révolution dans la Nature.

Sans doute que plufieurs de ces *Lacs* for-
moient ci-devant des *Golfes* : ceci fe con-
jecture par la pente douce de leurs Bords

à l'endroit où ils étoient ouverts, & par les *Coquilles marines* qui s'y rencontrent. Les *Lacs* dans le voisinage de *Koslow* particulièrement, confirment encore plus évidemment cette supoſition, car, tout le Terrein qui les ſépare de la *Mer*, n'eſt qu'un compoſé de *Coquilles* briſées & de *Sable de Mer*, qui rempliſſent égalcment la *Pierre Calcaire* de leurs Bords. Quant à leur communication ſouterreine avec la *Mer*, quoiqu'on n'en ait pas d'indices certains, il eſt néanmoins très vraiſemblable qu'il en exiſte, juſqu'à préſent dans pluſieurs, & que la plus ou moins grande quantité de ces conduits ſouterreins, contribue, peut-être à la différence obſervée dans la *matière Saline* de leurs *Eaux*; car les unes ſont abondamment fournies de *Sel*, & d'autres en contiennent ſi peu, qu'on n'en retire guère, ou en très petite quantité.

Parmi les *Lacs* abondans en *Sel*, ceux de *Perecop* tiennent le premier rang : vu la quantité de *Sel* qu'on en retire annuellement, il eſt à croire que ſans un accroiſſement conſtant de la *matière Saline*, ils en ſeroient déja épuiſés depuis longtems.

Le tems où le *Sel* ſe forme ordinairement ſur les *Lacs*, eſt celui des Mois les plus chauds de *l'Eté*, commençant à la fin de Juin, & con-

cinuant

tinuant jusqu'en Août; & plus la Saifon, eft féche plus il fe forme de *Sel*, parceque l'Eau des *Lacs* s'évaporant alors davantage, accelère la condenfation de la *Matière Saline*. Mais les pluyes produifent un effet contraire. Lorsque rien n'empêche cette condenfation, le *Sel* fe forme au fond des *Lacs* en Mottes folides, de deux doigts d'épaiffeur: il eft compofé de petits & de moyens *Criftaux*, étroitement réunis entr'eux, dont quelques-uns repréfentent manifeftement des *Quadrilateres*: d'autres font fi confufément entaffés qu'ils n'ont aucune figure déterminée, & font plus ou moins purs & blanchâtres, fuivant le fond du *Lac*. Mais on rencontre quelquefois fous ces *Mottes*, au fond même du *Lac*, des *Criftaux* ifolés, d'une grandeur & d'une tranfparence remarquables, dont la figure eft regulièrement *cubique*.

On n'employe d'autres Inftrumens pour la récolte des *Sels*, que des *Pelles de bois*, au moyen des quelles on enleve les Mottes de *Sel* de deffus le fond, & après les avoir fecouées dans l'Eau pour en détacher la Terre, on les met dans des chariots traînés par des Bœufs, & on les envoye au Bord: la profondeur des *Lacs* eft fi peu confidérable, que ces Chariots y entrent jusqu'à une affez grande diftance de leurs Bords.

 2°. De

2°. DE LA PARTIE MONTUEUSE.

Les Contrées de la partie Montueuse font bornées au *Nord* par les Rivières de *Salghir* & de *Boulghanak* ; car de-là, le terrein s'éleve vifiblement jusqu'aux pieds des *Montagnes*, qui fe hauffant auffi par dégrés vers le *Sud*, forment le Bord méridional de la *Mer* en demi-cercle ; de façon que par une de leurs extrémités elles s'étendent à *l'Eft* jusqu'à *Caffa* (ou *Theodofie*) & par l'autre, à *l'Oueft*, jusques près de l'Embouchure *d'Alma*. Mais le vrai commencement de ces *Montagnes* doit être placé au milieu de ce Territoire, à 20. verftes environ de *Salghir*, vers *Caraffou-bazare* ; parcequ'on y rencontre les premieres *Collines*, couvertes de *Terre Végétale* & de gros gravier rouge. Elles continuent jusques près de *Caraffou-bazare*, ou elles deviennent deja de moyennes *Montagnes*.

Eu égard à leurs pofition & élevation, toutes ces Montagnes fe diftinguent, en *Rangées de devant*, *l'Intermédiaire*, & *la Chaîne méridionale de l'arrière*. Quelques-unes d'elles font croire qu'elles fe font formées, en différens tems, du fédiment des eaux de la *Mer*, & d'autres montrent qu'elles font des produits du *Feu*,

&

& les troifièmes préfentent des marques évidentes des changemens qu'elles ont fubis, par les
efforts violens des *Feux Souterreins* combattant
l'oppofition de l'Eau. Mais en général, elles
fe reffemblent en ce qu'elles fe prolongent toutes entre *l'Eft* & *l'Oueft*, que leur face *Septentrionale* eft plus inclinée que la *Meridionale*,
& que la *Pierre Calcaire* eft leur principale partie conftituante, à toutes. Celle-ci eft de dif-
férente folidité & qualité, felon le mélange
des parties hétérogènes; mais fes *Couches* font,
presque partout, dirigées vers le *Sud*.

Les pieds des *Montagnes* font pour la plupart
couverts de *Bancs argileux*, & l'on y rencontre différens *Schiftes* & quelques autres efpèces
de *Pierres* & de *Terres* dont on parlera plus
circonftantiellement dans la fuite, lorsqu'on
décrira en général, les avantages & prérogati-
ves que la Nature a accordés à cette Partie
montueufe.

Peu d'endroits au monde, peut-être, réunis-
fent autant de différentes fortes de perfeétions,
que cette Bande de *Montagnes*: des fites agréables, une *Terre* fertile fourniffant des récoltes
abondantes, des *Champs* émaillés de fleurs &
d'autres produétions utiles, des *Bois* à toutes
fortes d'ufages, des *Jardins* remplis des meil-

A 5

leurs

leurs Arbres fruitiers, & une quantité inombrable de Sources & de Fontaines ruiſſelant de
tous côtés des *Montagnes*, & Formant des Ruis-
ſeaux, & tout cela preſque, ſe rencontre à peu
de diſtance l'un de l'autre.

Les *Vallées* entre les principales *Montagnes*,
ſont pour la plupart découvertes: leur *Sol*, ainſi que tout le pied Septentrional des *Montagnes*,
eſt d'*Argile* jaunâtre ou griſe, mêlée de petites *Pierres*, ſous une couche épaiſſe de *Terreau*,
qui dans quelques endroits, a plus d'un $\frac{1}{2}$ archine de profondeur. Et autour des *Montagnes
Craieuſes*, ce *Sol* eſt mêlé de *Marne Crétacée*,
ſervant à l'améliorer. De plus, l'eau qui découle des hauteurs, y entretient l'humidité néceſſaire & concourt à ſa fertilité.

Les *Montagnes de la rangée intermédiaire*, qui
renferment également des *Vallées* fertiles, ſont
couvertes de *Bois*, à commencer à *l'Ancien
Crime*, jusques *Inkerman* qui s'étendent vers
la *Mer* jusques à la *Chaîne Méridionale de l'arrière*. Cette *Chaîne de Montagnes* renferme les
Sources d'eau; celles qui courent vers le *Nord*,
s'y repandent dans toutes les *Vallées*; & celles
qui ſe dirigent au *Sud*, arroſent tous les Lieux
ſitués le long de la *Côte Méridionale* de la *Mer-
Noire*. Les premieres ſe partagent en deux:
une

une partie coule vers le *Nord-Eſt*, à *Sivaſche*, & l'autre vers *l'Oueſt*, dans la *Mer-Noire*. Une des plus hautes *Montagnes*, ſituée vis-à-vis d'*Achtmetſchet* & nommée *Tſchatir-dagh* (& que nous décrirons plus en détail ci deſſous) occaſionne ce partage. Et comme elle ſe trouve presqu'au milieu de toute la largeur de la *Presqu'ile*, on doit en conclure que le Terrein y eſt plus élevé que partout ailleurs.

Parmi la quantité de Ruiſſeaux qu'on rencontre depuis *Caffa* jusqu'à cette *Montagne* (*a*) pluſieurs peuvent paſſer pour de petites Rivières; entre autres, le *grand* & le *petit Caraſſou*, & *Salghir*. Ils ſe réuniſſent à 20. Verſtes environ, de leur Embouchure dans le *Sivaſche*. Parmi d'autres petites Rivières moins notables, on doit diſtin-

---

(*a*) Il ſe trouve ici une ſingulière mépriſe dans l'original. L'Auteur, après avoir conſtaté que le *Tſchatir-dagh* étoit l'endroit le plus élevé de la *Tauride*, fait couler les Rivières, de *Caffa* vers cette Montagne. L'inconherence de cette idée eſt frapante, & la carte du Chevalier de Kinsbergen prouve tout juſte le contraire. Mais ce n'eſt qu'une diſtraction de l'Auteur, & dans tout cet ouvrage, il donne trop de preuves de ſa capacité, pour qu'on pût imputer cette erreur à autre choſe.

diſtinguer *Bourultſcha*, *Zouya* & *Beſchterek*. qui ſe jettent dans le *Salghir*; le *Grand*, le *Petit* & le *Moyen Indales*, *Boulghanak*, & *Bouſouk-ſou* qui ſort près de *l'Ancien Crime*, qui tombent toutes dans le *Sivaſche*. Quelques-unes des Rivières au de-là de cette *Montagne*, vers l'Occident, ſont auſſi aſſez grandes: telles ſont le *Boulghanak Occidental*, *l'Alma*, *Catſcha* & *Cabarta*, qui toutes ſéparement, mais à peu de diſtance l'une de l'autre, ſe jettent dans la *Mer Noire*. Parmi les Ruiſſeaux qui tirent leur origine de la partie *Méridionale de la Chaîne* même, & vont droit à cette *Mer*, ceux des environs de *Soudak*, *d'Ouskuth* & *d'Alouſchta*, ſe diſtinguent des autres par leur grandeur, mais n'ont point de noms particuliers, excepté deux auprès *d'Alta*, ſavoir: *Akar-ſou* & *Balla-ſou*.

Toutes ces Eaux parcourent avec une rapidité remarquable, l'escarpement des *Montagnes* pour ſe répandre dans les *Vallons*, & franchiſſant dans leur route des Rocs & des Rochers, forment dans pluſieurs endroits des *Cascades* naturelles, qui embelliſſent ſingulièrement les environs.

Les plus belles de ces *Cascades* ſont dans la partie Septentrionale des *Montagnes*, & particulièrement dans les hauteurs du *Grand Caraſſou*

&

& de *Salghir*, & près de *l'Ancien Crime*, dans la petite Rivière de *Boufouk-fou*, qui coule fur une pente efcarpée de roc de plus de 2. *Sajenes* d'élévation, & qui après les pluyes, s'il s'y trouve affez d'eau, préfente l'afpect le plus agréable. Mais les Sources de *l'Akar-fou* dans la partie *Méridionale*, font les plus remarquables de toutes: elles offrent des fpectacles étonnans. Elles jailliffent de deffus un Roc très efcarpé de plus de 150 *Sajenes* d'élévation au deffus de la Superficie de la Terre, & fe dirigent de-là droit en bas. Elles font à 8. *Verftesde Yalta.*

Des chûtes auffi confidérables procurent de grands avantages aux Habitans de cette *Partie Montueufe*; car indépendamment de la facilité d'y conftruire des *Moulins*, ils peuvent encore tout auffi aifément, en amener les Eaux partout, par des petits Canaux & des Conduits fouterreins, depuis les hauteurs jufqu'à leurs Champs, leurs Jardins & leurs Potagers, & même dans les Villes & Villages, pour leur ufage journalier.

Il arrive fouvent que les Canaux creufés fur les flancs d'une *Montagne*, fe trouvent, à quelques diftances feulement des fources d'une Rivière, dèja de quelque *Sajenes* plus élevés que la Rivière même; ce qui n'interrompt cependant pas leur cours.

Mais —

Mais leur rapidité, se réglant alors sur la situation du fond & de ses detours, diminue d'autant plus sensiblement, qu'elles s'aprochent davantage de leurs Embouchures; aussi les moins considérables, tarissent en Eté. Le fond pierreux de ces *Ruisseaux* devient *Limoneux* proche de leur Embouchure; ce qui s'observe plus particulièrement encore, dans toutes les *Rivières* de la partie Septentrionale des *Montagnes*.

Leur profondeur varie, selon les Saisons: dans les mois chauds de l'Eté, elle est en général, presque nulle; en Automne & au Printems, elle est assez grande. Leurs *Bords* sont dans quelques endroits *Pierreux*, dans d'autres *Argilleux* & fort étendus, parceque les pluyes continuelles font déborder ces Ruisseaux à une grande distance: alors leur Eau est fort trouble, quoique par soi-même elle soit pure, agréable au goût & ne contienne aucune partie nuisible.

Les Lieux situés le long des Bords de ces Rivières, sont en général les meilleurs, tant pour l'Agriculture que pour les Pâturages; aussi la plus grande partie des habitations s'y trouve; & autour d'elles, de vastes Jardins plantés en ordre continu, accompagnent partout le cours de ces Rivières & Ruisseaux: vus de loin, ce

me-

melange d'Arbres fruitiers & de ceux qui fervent à l'ornement feul, eft d'un effet fi admirable qu'on ne fauroit fe répréfenter quelque
chofe de plus beau.

A l'égard de la fertilité particulière de cette
Partie, les endroits qui s'étendent vers le bas
du *Salghir* & du *grand Caraffou* & furtout ceux
des environs de l'Embouchure du dernier, furpaffent les autres. Quant aux Jardins, ceux qui font
le long *d'Alma*, de *Catfcha*, de *Cabarta* & du Bord
méridional de la *Mer Noire*, fe diftinguent tant
par la quantité que par la qualité de leurs fruits.
Et pour ce qui regarde la beauté des *Sites*, le
Canton de *l'Ancien Crime*, ainfi que ceux qu'on
voit vers le haut de *l'Indale*, de *Bouriultfch* &
de *Zouya*, méritent la préférence. Ceux du
cercle *d'Achmetfchet* & de *Manghoupa*, avec
quelques autres vers le bas *d'Alma*, de *Catfcha*
& de *Cabarta*, ainfi que les fituations vers la
partie Méridionale des *Montagnes*, dans les environs de *Yalta*, ne font pas moins remarquables. Mais tout ceci fe verra plus clairement
dans la defcription détaillée de toutes les Parties montueufes.

Les *Montagnes de la Rangée de l'avant*, n'ont
aucune liaifon régulière au commencement entre elles-mêmes, & font jettées fans nul ordre;

dré ; mais près de *Caraſſou-bazare*, elles commencent à ſe joindre, & forment une *Croupe*, dont un bout s'étend juſqu'à *l'Ancien Crime*, & l'autre jusqu'à *Bagtſchiſſarai*. A ſes pieds, au *Sud*, ſont de très vaſtes *Plaines*, entièrement découvertes. Les *Montagnes* à la droite de ces *Plaines*, de *l'Eſt* à *l'Oueſt*, ſe hauſſent en eſcarpement, & ſont compoſées en partie d'une *Argile* jaunâtre fertile, mêlée dans quelques endroits de *Pierre calcaire*, contenant des fragmens de *Coquilles petrifiées*, & en partie du *Craie* compacte, blanche & jaunâtre, remplie de *Silex*. Leurs pieds ſont couverts de *Marne Cretacée*, qui pourroit être employée à l'amélioration du *Sol argileux* des Champs. Telle eſt la *Montagne* au pied de laquelle eſt immédiatement ſituée la Ville de *Caraſſou-bazare*, & dont les *Bancs de Craie* s'étendent ſans interruption juſqu'à la Rivière *d'Indale*.

La *Chaîne* qui s'étend à la gauche des mêmes *Plaines*, ſe hauſſe beaucoup plus doucement, & ſes Cimes de Roche, qui ne forment preſque qu'une ſeule Couche, ſont couvertes de *Taillis*. La *Pierre calcaire grenue* de cette *Chaîne*, eſt pour la plupart ſi molle, qu'on la taille aiſément pour les bâtimens. Et parmi ſes *Pétrifications*, on rencontre le plus

ſouvent

fouvent des *Turpites*, & rarement des petites *Pectinites*.

Autour des *Bancs d'argile* on rencontre de l'ocre-*martiale* jaune & rougeâtre, de la *Sanguine* (ou *Craion rouge*,) & une autre efpèce de celle-ci, brune, reffemblant à la *Terre d'ombre*.

Dans le cercle de *Caraffe-bazare*, les hauteurs forment des *Plaines* en pente douce, très agréables; & entre les petites rivières de *Bourioult-fcha* & de *Zouya*, on rencontre des bocages & des champs cultivés.

Près d'*Achmetfchet*, la pente des *Montagnes* devient encore plus fenfible, d'où il réfulte que de cet endroit élevé & découvert, on a une vue très agréable fur tous les environs, particulièrement fur le cours de *Salghir*. Mais à 15. *Verftes* de-là, fur le chemin de *Battfchis-faray*, les *Montagnes* commencent à fe raprocher; & à l'endroit où paffe l'*Alma*, elles font presque déja réunies. Elles continuent de cette forte l'efpace de 5. verftes, & fe féparent de nouveau à *Battfchiffaray*, laiffant entre elles de longs efpaces unis.

A la gauche du chemin de *Battfchiffaray* à *Achmetfchet*, on rencontre, à 5. *Verftes* de l'embouchure du petit ruiffeau *Bodriak* dans l'*Alma*, une *Montagne* digne d'une attention particulière, à caufe de la quantité de *Ca-*

vernes

vernes pratiquées dans fes flancs, pour la dè-
meure des anciens habitans de ces contrées &
de différentes efpèces de *Petrifications* renfermées dans fes plus hautes fommités. Les *Tar-
tars* la nomment *Biakla-koba* : fon élevation au
deffus de la fuperficie du *Sol* environnant, eft
environ de 50. *Sajenes*, & au deffus du niveau
de la *Mer*, peut-être de 100. Par la pofition
& par la nature de fes *Couches*, elle eft analogue à celles de fes environs, étant compofée
de *Pierre calcaire* couverte d'une couche épais-
fe de *Terreau* & de Taillis, à l'exception
de fes cimes qui font toutes nues, & confis-
tent uniquement en couches épaiffes & en gros
blocs de Pierre ifolés, repandus ça & là. Ces
couches fe préfentent en grands escarpemens
tournés vers le *Sud*, & font remplies d'une
quantité innombrable de *Cavernes* de diffé
rentes grandeurs, dont plufieurs fe font con-
fervées jusqu'a nos jours, & d'autres font
dégradées par les laps du tems. Communément elles ne furpaffent pas de beaucoup
la hauteur d'une *Sajene* & demie. On rencontre dans plufieurs, des *Pierres* creufées
en forme de *Baquets*, qui recevoient l'eau par
une ouverture pratiquée au haut de la *Caverne*
D'autres contiennent, dans les murs & dans
le plancher, de grandes foffes en forme de

quar-

quarré al'ongé, creuſées dans la *Pierre*, & com-
blées de terre, où ſont enterrés, ſans doute, les corps des habitans de ces *Cavernes*.

La *Pierre* qui ſert de mur à ces *Cavernes*, &
celle d'alentour, eſt remplie de *Productions marines pétrifiées:* ce ſont des Oſtracites, dont
quelques-unes, de forme allongée, de plus de
$\frac{1}{4}$ d'*Archine* de longueur, & d'autres presque
rondes; des *Griffites*, des *Entrochites* & des
Vermiculites. Avant d'arriver aux cavernes,
on rencontre une *Pierre* iſolée, d'une grandeur immenſe, attachée ſeulement par ſa baſe
à la *Montagne*. Elle eſt presque toute creuſée
en dedans, & on y entre par une porte pratiquée dans une de ſes faces, & dans une autre,
une petite fenêtre ronde pour y donner du
jour. Au reſte, une *Pierre argileuſe verte* qu'on
rencontre dans les bords du ruiſſeau *Bodriak,*
mérite auſſi d'être obſervée: on ne la trouve
nulle part dans les autres endroits de la Partie
montueuſe, & elle tire ſon origine de l'*Argile
graſſe verte*, nommée *Bol* ou *Terre bolaire.*

Les Montagnes du cercle de *Bactſchiſſaray*
différent de toutes les Septentrionales de *la Rangée de devant*, par l'aſpect & la nature de leur
Pierre. Elles ſont compoſées de *Bancs Calcaires* escarpés, fort hauts, couverts en bas
d'*Argile* mêlée de *Terre calcaire*, & en quel-

B 2

ques

ques endroits de *Chaux pure*, qui couvre auſſi la plupart de Vallées & Vallons ſitués entre ces *Montagnes* (*a*). Mais leurs cimes de Roche, nues d'un côté ou de l'autre, ſe terminent en couches taillées à pic, qui fendues & écartées dans pluſieurs endroits, offrent des aſpects fort variés.

Ces Couches ſont d'autant plus remarquables par leur épaiſſeur, qu'elles ſurpaſſent toutes celles des autres *Montagnes* & contiennent en quantité des petites *Coquilles* de différentes eſpèces cy-deſſus nommées. En dehors ces Couches tiennent du laps du tems, une couleur gris-foncée, & ſont noirâtres aux endroits qui avoient été expoſés à l'écoulement des eaux, qui ont emporté des parties du Terreau qui les recouvroit, de ſorte que les nids d'où ſe ſont détachés de très gros Blocs, paroiſſent blanchâtres & jaunâtres dans l'intérieur. Ces blocs, qui giſent dans la *Vallée* où *Baktſchiſſaray* eſt bâti, ſemblent être, à cauſe de leurs faces taillées à pic, de très hauts murs de *Pierre*. De

––––––––––––––––––––––––––––––––––––––

(*a*) Comme on ne connoît pas de *Chaux pure* naturelle ou *foſſile*, il eſt apparent que l'auteur a pris ici la *Farine foſſile*, le *Lac lunæ ſolare* de Wallerius, pour de la *Chaux pure*.

De *Baktfchiffaray* à *Manghoupa*, vers le *Sud-Ouest*, ainfi que vers l'*Ouest* jusqu'à *Inkermane*, les *Montagnes* continuent à être du même genre; car tout cet efpace eft occupé par des *Bancs Calcaires* analogues à ceux des cy‑devant, & dont quelques-uns gifent ifolés. Elles font d'une *Pierre* compofée de différentes *Pétrifications*, les unes brifées & reduites en *Chaux* (*a*), les autres encore entières, mais fi étroitement cimentées, que plufieurs de ces *Montagnes* paroisfent ne former qu'un feul & même *Bloc*, & préfentent par là des vues étranges, & particulièrement celles qui font presque toutes pellées.

On y trouve des *Cavernes* pareilles à celles dont nous avons déja parlé; mais la plus remarquable eft à 5 *Verftes* de *Baktfchiffaray*, dans une haute *Montagne* ifolée de forme conique, nommée *Tiapé-kirmane* & couverte de bois depuis les pieds jusques près de la *Cime* qui eft de Roche nue, de trois côtés taillée à pic, et où l'on a pratiqué deux & trois rangs de *Cavernes*. Quoique cette *Montagne* foit plus haute que celle des environs *d'Alma*, on trouve cependant, presqu' à fon fommet, des rangées de grandes *Coquilles pétrifiées*. Dans les *Cavernes*, on rencontre auffi des *Os* humains, mais on ne fauroit

en

___

(*a*) *Calcinées*, apparemment.

B 3

en conclure qu'elles ayent été conſtruites uniquement pour renfermer les corps morts , comme quelque Ecrivain l'imagine ; car les ouvertures pratiquées en haut & à l'entrée en forme de fénêtres & les différentes *Citernes* pour la conſervation de l'eau , prouvent tout le contraire (*a*).

A 7. *verſtes* de là vers le Sud , ſe trouve encore une Montagne , ſur la rivière de *Catſcha* , & deux autres près de *Manghoupa* , apellées du nom de deux *Fortereſſes* baties jadis ſur leurs *Cimes* , *Tcherkeſſe - Kirmane & Eski - Kirmane* , & qui contiennent également quantité de *Cavernes.* Dans la plus ſpacieuſe de celles qui avoient été taillées dans la dernière de ces *Montagnes* , & au travers de la quelle on montoit dans la *Fortereſſe* , il exiſte encore dans un grand trou ,

---

(*a*) Le raiſonnement de l'Auteur n'eſt pas concluant. Tournefort, dans la Lettre XIV. de ſon voyage dans le Levant (ed: de 1727, grd. in -- 8°.) dit, que les bons Muzulmans font aſſez ſimples pour s'imaginer qu'ils font plaiſir aux morts en verſant de l'Eau ſur leurs tombeaux: cela peut, diſent-ils, leur donner du rafraichiſſement. On voit même pluſieurs femmes qui vont manger & boire dans les Cimetières le vendredi, croyant apaiſer par ce moyen la faim & la ſoif de leurs maris. Les *Cavernes* en queſtion peuvent donc avoir été deſtinées à la ſepulture.

trou, une excellente fource d'eau, à plus
de 20. *Sajenes* au deſſus de la fuperficie de la
terre.

La *Montagne* ſur la quelle ſe voyent les *Ruines* dé *l'ancienne* Manghoupa, ſe diſtingue des
autres par ſa très grande êlevation; c'eſt la plus
haute des *Centrales*; d'ailleurs ſon afpeċt a de
grandes beautés. Elle eſt iſolée, entourée de
tous côtés quaſi, de vallées fertiles, & couverte de bois, qui devient d'une plus belle venue
à méſure qu'il monte vers la cime. Celle - ci
eſt couronnée de rochers efcarpés & ſa fuperficie, qui, à quelque ſinuoſités près, eſt tout
·unie, & couverte de *Terre - Végétale* qui conſerve encore des reſtes de jardins. Dans ſes
flancs rocailleux, on remarque auſſi des *Cavernes* dont une à *l'Eſt*, a plus de 7. Sajenes de longueur. Les murs de celle - ci ſont couverts
de *Salpêtre de Houſſage* très blanc, produit par
le mélange des vapeurs du fumier avec la
Terre Calcaire ; car les Habitans aċtuels de
Manghoupa y gardent encore leur bétail.

Les *Pétrifications* qu'on rencontre dans cette
Montagne, ainſi que dans celles qui l'environnent, ne ſont que des *Entroques* & des *Vermi-
culttes ;* mais on n'y voit pas de traces ſeulement
de grandes *Coquilles*.

B 4

Les

Les *Montagnes d'Inkermane* font en partie couvertes de Taillis, & en partie font de Roc nud ; telle eft celle ou étoit bati *Inkermane.* Les *Montagnes* qui l'avoifinent, n'ont qu'à leurs pieds une couche de *Terre* ou de *Chaux en petit grain,* & leurs cimes forment des roches très efcarpées, qui renferment une quantité inombrable de *Cavernes,* faites avec des foins & une habilité plus particulieres que les pré-cédentes. Dans quelques endroits elles font à 5 étages, avec des Efcaliers intermidiaires taillés dans le Roc, pour communiquer d'un ètage à l'autre. Plufieurs confervent des tables & des bancs, taillés de même, & dans les 3. Eglifes qui y ont exifté, les Autels font du même travail. Mais un Puits creufé tout au fommet de la *Montagne,* eft ce qui mérite le plus d'être remarqué. Il fe trouvoit dans la Forterefſe *d'Inkermane :* or la roche fur la quelle elle étoit pofée, a plus de 50. *Sajenes* d'élevation au deffus de la fuperficie environnante. Il eft àpréfent tout comblé ; mais cy-devant il contenoit de l'au qui fervoit à l'ufage des Habitans du lieu.

Les cimes de la *Montagne* la plus proche *d'Inkermane,* & fituée à fa gauche, contiennent, outre les Petrifications cy-deffus défignées, des *Buccardites* dont le deffus eft en deffin, & des

des

des *Cochlites* unies. Et dans les débris de la
Roche qui conftitue la *Montagne*, on rencontre
des *Pirites en globules* & en *rognons*, couvertes
d'une ecorce calcaire & d'une *Terre ocreufe;*
reffemblante à la *Rouille;* mais en dedans elles
font couleur de *Soufre* & brillantes. Toutes
ces productions de fouffre mêlées de *Fer*,
font dans quelques endroits entaffées par rangs,
& dans d'autres, en morceaux ifolés.

Le *Salpêtre de Houffage* fe forme auffi des vapeurs de la Terre fur les murs de quelque Cavernes d'ici, comme dans celles de *Manghoupa*,
& il paroît qu'ils doivent leur origine à la même
caufe.

La *Marne Sableufe* entrée dans la compofition
des *Bancs Calcaires* cy-deffus décrites, & la
quantité inombrable de *Productions marines* qui
s'y trouvent par *Couches*, démontrent que la
Mer a depofé fes fedimens dans cette contrée.

A. 6. Verftes *d'Inkermane*, vers le *Sud-Eft*,
le *Smectis* ou *Argile à Foulon* (*a*) qu'on tire
du ffein de la terre, mérite d'être remarque.
Les

(*a*) L'Original dit: *Argile Savoneufe*, mais la *Terra
Soponaria* des Minéralogiftes, eft le *Smectis* des François.

Les Femmes *Tartares* & *Turques* en font ufage dans les Bains pour fe la er la tête. On en aporte en quantité de *Boulaclava* à Conftanti-nople, où l'Oko (c'eft-à-dire, 3. livres) fe vend 6 à 7 *Parows*. ·Les *Tartares* le nomment *Kil*, & non pas *Kifekil*, comme les Mineralo-giftes le prétendent. Ce dernier nom peut lui avoir été donné par les *Turcs*, parce qu'on l'envoyoit auparavant de *Caffa* dans l'étranger. Il venoit à *Caffa* de *Sobli*, village à 20. verftes *d'Achmetfchet*, vers le haut *d'Alma*, où il avoit été decouvert. Mais cette *Mine* eft presque deja épuifée. Quant à l'endroit d'où on tire le *Smeƈtis* aƈtuel; il eft près du village de *Beikir-mane*, aux pieds des *Monts*, fur la pente d'une *Colline* de quelques *Verftes* d'étendue, toute compofée de *Marne cretacée*, commune à tou-tes les *Montagnes Craieufes*, & fur la quelle croiffent divers Arbriffeaux, parmi lesquels on a creufé partout des trous, de 5. à 10. *Sajenes* de profondeur, pour en tirer le *Smeƈtis* en queftion.

Le premier Lit qu'on découvre en creufant ces trous, eft de la *Marne crétacée* en cou-ches; vient enfuite une *Marne à Foulons* grifâ-tre, propre à fouler les draps. Sous celle-ci, au fond même, fe trouve le *Smeƈtis* : il eft gris-

foncé

foneé ou vert d'Olive, tant qu'il eſt humide, & compoſé de différens feuillets remplis de points brillans: ſéché, il ſe couvre d'une croute blanc-jaunâtre. Ses principales propriétés ſont de paroître fort doux & fort gras, étant broyé entre les doigts, d'écumer un peu dans l'eau, & d'abſorber l'huile & les graiſſes: auſſi l'employe t'-on avec ſuccès pour ôter les taches des draps & des autres matières de laine, & pour blanchir le linge; mais en ce dernier cas, on doit le délayer dans de la leſſive. (Quelques minéralogiſtes ſoutiennent que les *Turcs* employent ce *Smectis* à la fabrication de leurs pipes; mais ſelon le dire des *Tartares*, il ne ſert qu'aux uſages ci-deſſus indiqués) Pour exploiter cette Terre, on en cherche le nid (ou la *Mine*) où l'on creuſe à la profondeur marquée, & d'où on la tire dans de grands Paniers. On l'expoſe alors pendant quelques jours au ſoleil pour la ſécher, car elle eſt toujours humide au ſortir de la *Mine*: dans quelques endroits elle eſt même toujours dans l'eau qui ſuinte au fond des ouvertures. Lorsque tout le trou en eſt épuiſé, on pratique des galeries dans les côtés, pour pourſuivre la veine, & ſouvent les *Mineurs* vont ainſi ſous terre, d'un *Trou* à l'autre. Ses Lits ordinairement, ne

vont

vont guère au de là de 1½ *Archine* dans la profondeur. Vu la situation & la nature des *Cou-*
ches de deffous les quelles on a tiré ce *Smectis*
jusqu'à prefent, on doit conclure qu'il peut
s'en rencontrer ailleurs aux environs des *Montag-*
nes Craieufes qui auroient les mêmes qualités
exterieurement.

Depuis *Inkermane* vers le *Nord - Oueft*, les
Montagnes commencent à baiffer, & fuivant le
cours de *Cabartha*, de *Catfcha* & *d'Alma*, elles
fe terminent de ce côté à l'embouchure de la
dernière; & à méfure qu'elles s'aprochent de
la *Mer*, leur élevation baiffe.

A l'égard de la nature de la *Pierre* & de la
Terre qui les conftituent, elles différent de celles des environs *d'Inkermane*, en ce qu'elles
font pour la plupart *Argileufes*, & furtout près
de l'embouchure des rivières cy - deffus nommées. La *Pierre Calcaire* même qui s'y rencontre, eft beaucoup plus dure, & mêlée en plufieurs endroits de *gravier* (a) & de petites *Co-*
quilles brifées, tout à fait différentes des précé-
dem-

(a) L'Original dit: *de gros Sable de Mer*. Il femble
qu'un *gros Sable de Mer*, ne peut être que *gravier*.

demment marquées, mais reſſemblantes à celles qu'on trouve dans les *Montagnes de la Rangée de devant.* Au reſte, elles ſont en partie couvertes de Taillis, & en partie toute nues. Leur *Sol*, ainſi que celui des *Vallées* arroſées par ces rivières, eſt très fertile, à l'exception d'un eſpace de quelques *Verſtes* à leur embouchure, où il devient ſalé, ce qui ſe remarque particulièrement par la végétation de ces lieux. Mais autour de la *Mer*, elles ſont uniquement compoſées *d'Argile* jaune, qui communique ſa couleur aux *Pierres* même qui y giſſent. Dans les bords *d'Alma*, prés de ſon embouchure, on rencontre une *Argile ferrugineuſe, en gros grains & en couches*, couleur de canelle, (*b*) & des *Poudingues* en gros blocs. Mais tous les endroits ſitués vers le haut de ces trois *Rivières*, ſe diſtinguent, non ſeulement par la fertilité de leur *Sol*, mais par leurs ſituations même; car le long de leurs bords on voit, outre quantité de *Jardins*, des Plaines raſes, abondantes en excellens *Paturages* & en Végétaux, & propres à l'agriculture, particulièrement le long *d'Alma*.   Les

---

(*b*) C'eſt aparemment la *Mine de Fer hepatique:* la *Mine de fer Pyritiforme* de Mr. le C.te. de Buffon.

Les Montagnes qui s'étendent d'Inkermane à l'occident, & qui entourent tout le Havre de *Sevaftopolsk*, ne font non plus pas fi hautes que celles qui pénétrent dans l'interieur de cette lifière. La *Pierre* qui les conftitue, eft analogue en tout à celle des précédentes, qui fe rencontre au nord aux environs des trois rivières, & qui eft propre à être fcieé & taillée pour les bâtimens, ainfi que cela fe voit par les grandes *Tables* qu'on rencontre parmi les Ruines de *l'ancien Cherfon*, fituées proche de là. Le fol de ces *Montagnes* eft *Argileux* mêlé de petites *Pierres*, & qui laiffe croître dans quelques endroits du ménu *Bois*.

Vers le Port même, ces *Montagnes* préfentent de deux côtés, des bords efcarpés; mais plus loin de là, elles font plus inclinées; & les endroits fitués aux environs de leurs pieds, ont le même genre de *Sol* que celui de leurs cimes.

Quant au Port même; il pénètre dans l'interieur du *Golfe* vers *Inkermane*, 6 *Verftes* en long. Sa largeur varie; mais ne furpaffe jamais 2. *Verftes*. Ses différentes *Bayes*, dont une à droite, de 3. *Verftes* de longueur, & d'autres moins confiderales, jointes à fa profondeur fuffifante auprès de fes bords même, à la fureté de l'entrée, & fon fond *Limoneux*, le rendent fi propre

pre

pre à fervir d'afile à toutes fortes de bâtimens,
qu'il peut fans contredit, être compté parmi
les meilleurs du monde.

A 3 *Verftes* de là, vers le Sud, près des
Ruines de *Cherfon*, on a un autre petit *Golfe*,
qui mériteroit le nom de *Port*. On en rencontre
enfuite encore deux, mais peu profonds, au
bords des quels fe forme le *Cel de Cuifine* en eté.

Le bord de la *Mer*, depuis ce *Port* juspu'au
Cap où eft le couvent de *St George*, eft en
général coupé à pic & compofé de *Couches* de
Pierre Calcaire entremêlée de *Coquilles*; & auprès du *Cap* même, il s'éleve avec les *Montag-*
nes à une affez grande hauteur. La Cote méridionale de ce *Cap*, préfente une ftruçture
de *Montagnes* remarquable : ayant plus de 100.
Sajenes d'élevation, elle n'eft compofée, depuis
le bas jufqu'en haut, que de *couches minces* de petites & de grandes *Coquilles brifées* du genre des *Ano-*
mites, qui en quelques endroits & furtout vers
le bas, font changées en *Pierre* folide. L'eau
qui descend des hauteur & arrofe ces *couche*, dépo-
fe un fédiment *Calcaire* & *crétacé* autour d'elles.

La fuperficie de ces *Montagnes* eft couverte
d'*Argile martiale rougeâtre*, que fe mêlant à
l'eau, donne en plufieurs endroits une teinte
rouge à la *Pierre* qui les conftitue. On y ren-
con-

contre 'auſſi çà & là, la *Farine foſſile Calcaire*; & à leurs pieds, dans les fentes des *Pierres*, quantité de *Pyrites Sulfureuſes* décompoſées, changées en une *Matière* gris-claire, avec des Pailletes friables, qui reſſemblent à de *l'argent.* Quelques morceaux de ces *Pyrites* ſont couvertes de *Soufre* en poudre (*a*) d'autre manifeſtent du *Vitriol-martial*, jaune, qui a perdu ſa couleur naturelle *Verte* par ſon mélange avec des particules *ocreuſes*.

L'uſage qu'on fait de ce *Vitriol* dans les Tanneries, ſon emploi dans la fabrication de l'Encre, & même dans la pharmacie, ſont aſſez connus ; mais les *Tartares* s'en ſervent pour nettoyer leurs ſabres, piſtolets & leurs autres armes d'acier & de fer.

La *Pierre Atramentaire* ſe rencontre auſſi parmi ces *Pyrites* ; elle eſt de différentes couleurs, il y en a de rouges, de jaunes, d'oranges, & même de mêlées de ces trois couleurs & de vert, contenant la *Matière vitriolique* (*b*).

Les

(*a*) C'eſt l'efflorescence Vitriolique, vraiſemblablement, que l'auteur prend pour du *Soufre natif*.

(*b*) L'original dit: contenant la *Mine de Vitriol*, (ou *Vitriolique*)

Les *Montagnes* entre le *Cap St. George &*
Boulaclava, méritent une attention particulière,
attendu qu'elles préfentent des marques évidentes des changemens qu'elles ont fubis, & des
caufes qui les ont occafionnés.

Elles font compofées de *Couches de Pierre*
Calcaire compacte, & brillante en dedans, &
s'élevent en efcarpemens du côté de la *Mer*,
dont une partie eft cernée par l'Eau, & l'autre
caffée & brifée de différentes manières, par
quelques efforts extraordinaires. Des blocs
immenfes, détachés de leurs Cimes, giffent
dans la Mer proche de la Côte. Plufieurs Couches de la même *Pierre*, font dans une pofition
perpendiculaire, & particulièrement dans les
Montagnes qui bordent le *Port de Boulaclava*,
où diverfes productions du *Feu fouterrein*, &
dont nous rendrons compte ci-deffous, prouvent que cet élément avoit jadis agi dans cette
contrée. A leur fuperficie, on rencontre presque partout, une *Argill rouge martiale* (*a*);

toutes

(*a*) Toutes les Contrées, où les *Volcans* ont exifté
ou exiftent encore, contiennent toujours de grands
efpaces de *Terre rouge argileufe*. Cette remarque cependant n'a point encore été faite, & on eft étonné

C

toutes les *Pierres* même y abondent en particules *ferrugineufes*, d'où réfulte leur couleur
rougeâ-

---

comment elle a pu échaper à tant d'habiles Obfer-
vateurs qui ont décrit avec toute la fagacité poffible
les *Contrées Volcaniques* qu'ils ont parcourues. On rencontre fouvent auffi des *Montagnes*, qui ont le ca-
ractère *Volcanique*, à l'exception des *Laves* ou des
Bafaltes, &c, dont elles font entiérement dépourvues.
On pourroit, entre autres, citer pour exemple, celle
qui fe trouve à côté des Bains de *Geifmar*, dans la
Heffe, nommée *Sbhönberg*. Elle eft de forme conique, & fon ancien *Crater* exifte encore, mais fendu
depuis le haut jusqu'en bas, & nulle trace de *Lave*
ou de *Bafalte*. Son *Sol* eft rouge presque partout, &
l'on rencontre dans fes flancs, non des *Bancs*, mais
de vraies *Coulées* de *Schifte Spathique* rouge-foncé.
Si l'on doutoit qu'elle ait jamais été *Volcan*, on prie-
roit de prendre en confidération: 1°. Sa forme conique. 2°. Son *Crater*. 3°. Elle fe trouve dans une
Contrée décidément volcanique, & la *Montagne de
Grebenftein* indubitablement *Volcan éteint*, n'eft qu'à
1. lieue de là. Et 4°. on ramaffe fur fes flancs, d'affez
gros fragmens de *Bafalte* très bien confervé, mais
ifolés & épars, qui ne peuvent y avoir été transportés par la main d'homme; car quel en auroit été
le but? Ne fe peut-il donc pas que ce fût un *Volcan
éteint* dont les *Laves* & *Bafaltes*, &c. ont été entiérement décompofés par le laps du tems, & convertis
en *Argile* rouge qu'on voit en fi grande abondance
dans fes environs, & même fur fes flancs?

rougeâtre, qui, jointe aux veines blanches de *Spath calcaire grénu*, leur donne une aparence de *Marbre*.

Dans quelques fentes des *Rochers*, on rencontre aussi des *Criftaux cubiques & feuilletés de Spath demi-tranfparens*, figurant des demi-hexagones (*a*). On y trouve aussi, dans quelques endroits, du *Schifte calcaire* gris mêlé de blanc.

On n'aperçoit aucune *Pétrification* dans ces *Roches;* mais dans les *Poudingues* (ou *Breches*) où trouve des fragmens de *Coquilles* fur les Cimes même des *Montagnes*.

Le Côté *Eft* de la *Montagne*, où l'on a bâti la *Fortereffe de Boulaclava*, eft couvert de *Poudingues*. Un *Spath ferrugineux* nuancé de gris & de rougeâtre comme du *Marbre*, & couvert d'écailles brillantes; de même que la *Mine de*

Fer

(*a*) On ne comprend pas ce que l'Auteur veut dire par *Criftaux demi-hexagones*. Peut-être vouloit-il défigner des *Criftaux rhomboïdaux*. Ou, feroit-ce le *Spath criftallifé en Dents de Cochon?* il forme en effet des *Pyramides tetraëdres* qu'on peut facilement prendre pour des *demi-hexagones*. Quant à la forme *Cubique* qu'il affigne aux mêmes *Criftaux*, on diroit qu'il s'agit ici de *Spath-fluor*.

Fer Spathique rouge-brune, compacte & pé-
fante, fe montrent au deſſous d'eux. Cette
dernière eſt comptée par les *Minéralogiſtes* dans
la claſſe des meilleures *Mines de Fer*, à cauſe
de la facilité de ſa fonte & de la ſolidité du
Fer qu'on en tire, & qu'on peut convertir
en *Acier*.

La [même poſition & la même qualité de
Roches continuent vers *l'Orient*, le long de la
Côte.

Les Produits des *Feux ſouterreins* dépoſés
aux pieds de ces *Montagnes* de la manière cy-
deſſus indiquée, conſiſtent en une *Pierre-ponce*
noirâtre en grands morceaux *d'Argile*, compacte & dure (*a*), avec de la *Pyrite Sulfureuſe*
& des *Criſtaux éfloreſcens*; & en 4. eſpèces de
Laves, dont une eſt très compacte & ſemble être
tiſſue de *Criſtaux de Schorl noir*: pluſieurs de
ces

(*a*) L'Auteur dit : Argile *Pétrifiée*. Il eſt poſſible
qu'il ait pris ſa dureté par une marque de *Pétrification*.
En un ſens, il auroit raiſon, mais on a cru ne pouvoir autrement déſigner ici cette qualité de *l'Argile*,
qu'en la nommant *dure & compacte*. Il eſt vraiſemblable, au reſte, que cette prétendue *Argile pétrifiée* ne
ſoit qu'une vraie *Lave*, puis qu'elle ſe trouve parmi
les *produits Volcaniques* &c.

ces morceaux pefent plus de 20. livres. Une autre eft gris-verdâtre, poreufe, remplie de grains de *Verre*, & comme enduite en dehors de *Verre blanc & Vert* (*a*). La troifième, eft terreufe, brune, & contient de petits **Cri-** *ftaux de Schorl noir*. Et la quatrième, gris-foncée ou noirâtre, eft criblée de petits creux remplis de *Criftaux éflorefcens* (*b*) noirs & blancs.

Le Port de *Boulaclava* s'étend environ une *Verfte* en longueur, du *Sud* au *Nord*; mais fa largeur ne furpaffe guere les 50. *Sajenes*. La Côte *Septentrionale* eft baffe; les trois autres forment des *Montagnes* très efcarpées. Son entrée, au *Sud*, eft incommode, parce qu'elle n'eft large que de 15. *Sajenes*, & fes Bords de

Roc,

(*a*) On n'a rencontré jufqu'ici de ces *Verres* que dans le *Volcan éteint* de *Sandhoff*, près de *Saxenhaufen* ou de *Francfort*; mais ceux-ci font, ou Blancs diaphanes ou Blancs mats nacrés. On doit les placer au nombre des *Pierres Obfidiennes* des Anciens, & des *Pierres de Gallinace* des *Péruviens*, qui n'en différent que par leur couleur noire. On en trouve auffi de *Vert-d'Olive*, à Lang-göntz, près de *Gieffen*.

(*b*) Le traducteur n'eft pas fûr d'avoir bien faifi le fens de l'Auteur ici, ne connoiffant pas le Synonime en François des Criftaux dont l'original parle.

Roc, efcarpés de deux Côtés , la rendent très
dangereufe par les vents trop forts.

Cette ouverture étroite entre de hautes *Montagnes de Roche*, fait croire que cette partie a
effuyé un affaiffement par un *Tremblement de
terre*, qui aura formé le *Port* en queftion. Vers
la *Mer* & le long du *Port*, la furface des *Montagnes* eft ftérile; mais à quelque diftance de-là, vers
l'Oueft, commence le Bois Taillis, & à 5. *Verftes* vers *l'Eft*, le Bois de haute futaye même.
Les Lieux fitués fur leur Côté *Septentrional*,
ne font pas dépourvus de fertilité en général, &
abondent en Jardins & en Champs, quoique
le *Sol* ne foit, pour la plupart, qu'un mélange
d'Argile gris-jaunâtre, & de *Galets*. Mais les
plus beaux fe trouvent entre les Hauteurs fur
le chemin de *Yalta*, où s'étendent, dans un espace de plus de 20. *Verftes*, des *Vallées* fertiles;
ceux du chemin de *Baktfchiffaray*, à 6. *Verftes*
de-là, fur la Rivière *d'Achtiar*, méritent auffi
la préférence fur les autres, par la beauté de
leurs fites, & la qualité du *Sol*. Au refte, les
Montagnes de Boulaclava apartiennent, vu leur
élevation, aux *primitives* de cette Contrée; &
elles commencent la principale *Chaîne* qui longe
toute la Côte Méridionale. Mais avant de décrire celle-ci, on doit parler des *Montagnes* fituées

tuées entre cette *Chaîne* & celles de la *Rangée
de devant* que nous avons déja décrites, & qui
par leur élevation & leur pofition , doivent
être comptées pour des *Intermédiaires* (ou des
Centrales.)

Le commencement de ces *Montagnes Centrales* doit être placé auprès de *l'Ancien Crime*,
d'où elles s'étendent le long de toute la bafe
Septentrionale de la *principale Chaîne*, jusques
quafi *Boulaclava.* Elles font en partie jointes
les unes aux autres, en partie féparées par des
Vallées & *Vallons*, & éparpillées en long & en
large dans cet efpace. Elles furpaffent en hauteur toutes celles de la *Rangée du devant*, mais
le cède à celles de la *principale Chaîne Méridionale.*

Quant à leur nature, leurs pieds font en plus
grande partie formés de *Couches argileufes*, en-
tremêlées d'efpèces *Schifteufes*, & en partie de
Poudingues; & {vers leurs cimes, d'une *Pierre
calcaire* dure & compacte où l'on ne rencontre, de même que dans les *Schiftes*, aucune
Pétrification. Mais les *Montagnes* autour de
l'Ancien Crime, font d'une ftructure particulière, & furtout celle qui eft connue fous le
nom *d'Agermifch.* Elle eft entiérement féparée des autres, & fe dirige par une longueur de

 8. Ver-

8. Verftes environ, de *l'Eft* à *l'Oueft*, à la droite de la *Vallée* où étoit *l'Ancien Crime*. Ses pieds font en talus & couverts *d'Argile* jaune & rouge; mais le refte, jusqu'à la Cime, eft de *Pierre calcaire brifée & étroitement foudée*, mêlée de *Cailloux roulés* & de *Coquilles marines pétrifiées*, parmi lesquelles on diftingue le plus les *Pechtinites* & les *Cochlites*: le tout en Couches folides. Ses Cimes, presque unies, font couvertes d'une *Terre* épaiffe & de *Bois*, & à leur bout Septentrional, on trouve au milieu d'un Bois, fur une pente de Roche, une Ouverture digne d'être remarquée. Elle n'a guere plus d'une *Sajene* de diamêtre en haut; mais l'on ne fauroit jusqu'à préfent déterminer fa profondeur; parceque les Lits de Pierre du dedans, qui faillent, empêchent les poids attachés à la corde de pénétrer jusqu'au fond. Cependant on peut la mefurer jusqu'à 50. *Sa-jenes* fans aucun obftacle; le Terreau & les Feuilles d'arbres qui s'y voyent, prouvent que les Eaux des Pluyes s'y rendent des Hauteurs. Les *Tartares* nomment cette *ouverture, Inghi-ftan - Kouiu*, mais la regardant comme un abyme incommenfurable, il n'ofent, par fuperftition, l'aprocher feulement.

Les *Montagnes* à la gauche de la *Vallée* ci-deffus

deſſus nommée, ſont en grande partie *Argileuſes* en dehors, & couvertes de *Bois*; en dedans elles renferment de gros blocs d'une *Pierre Calcaire* dure. A leurs pieds ſe trouve, en divers endroits, une *Argile ferrugineuſe* rougeâtre, ainſi que la *Terre à Potier* blanche: Les *Tartares* en font des Pots, & différentes ſortes de Vaſes. Mais près du village d'*Amurath*, à 6. Verſtes de *l'Ancien Crime*, la matière conſtituante des *Montagnes* redevient de la même nature que de celles dont nous avons ci-devant parlé; avec la différence ſeulement, que dans les *Pierres ſoudées*, on ne trouve guere de *Pétrifications*, & que dans une profondeur de plus de 10. *Sajenes* de la ſuperficie, on rencontre des lits d'un *Schiſte crétacé* noirâtre (ou de la *Pierre noire*, du *Crayon noir*); & au deſſous, des feuillets minces de *Selénite noirâtre transparente*.

Cette *Pierre noire* tombe en poudre à l'air, fermente avec *l'eau-forte*, & ſert, ſuivant Bomare, à ameliorer les vignes (*a*). On l'appelle

---

(*a*) D'après cette description, cette *Pierre noire* doit être l'*Ampelite* des Minéralogiſtes.

le auffi *Crayon-noir*, parcequ 'elle fert à tra-
cer des lignes, comme le charbon.

Le fol aux environs de toutes ces *Montagnes*
eft *Argileux*, mêlé de *Gravier* & de *Terreau*,
formant une couche affez épaiffe, particuliérement dans le cercle de *l'ancien Crime*, où fe
trouve une vafte *Vallée* abondante en jardins,
en prairies et en champs.

La fituation ici eft une des plus belles, furtout pour la vue; car indépendemment des objets variés qui frapent celle-ci dans la *Vallée*
même & fur les *Montagnes*, on peut auffi y
apercevoir les trois *Mers* (celles *d'Azow*, *Noire*
& de *Sivafche*) & la presqu'ile de *Kertfch*. Au
nord de la *Montagne d'Aghermifch*, fe trouve
auffi près de la rivière *d'Jndale*, une très agréable & fertile *Vallée*, qui par fa fituation
unie & fa vue fur les *Montagnes* boifées environnantes, mérite d'être distinguée.

A 15 *Verftes* environ de *l'ancien Crime*, fur
le chemin de *Soudak*, les matières constituantes
des *Montagnes* font analogues à toutes celles des
Centrales dont nous avons parlé, & n'en différent que par la pofition d'une *Pierre calcaire*
dure, en couches, qui, dans quelques endroits
de leurs cimes, eft perpendiculaire, s'élançant
vers le haut comme des murs. Leurs pieds

font

font couverts *d'Argile* jaune & quelquefois gris-claire, fur la quelle fe forme, aux bords des Ruiffeaux, le *Sel marin.* Entre fes couches, on trouve auffi en plufieurs endroits, l'*Ardoife folide ou groffière*, grife: elle ne fe délite pas en feuilles, & s'imbibe d'eau, quoique dure; par conféquent n'eft guère propre à la couverture des Toits.

Les *Montagnês* qui fe dirigent de ce chemin vers la droite, font de la même forme & nature que celles qui font vers le haut du *grand Caraffou* & de-là jusqu'à *Salghir.* A leur extérieur, ainfi que dans leurs *Vallées*, elles font en plus grande partie couvertes de *Bois*; mais on y rencontre auffi quelquefois des *Plaines* rafes.

Sur une de ces *Montagnes*, à 30. verftes de *Karaffou-bazare* vers le *Sud-Oueft*, fe trouve tout au fommet, une immenfe *Ouverture* qui mérite attention: la glace s'y conferve toute l'année.

Cette *Montagne*, dans le fein de la quelle la nature a établi une *Glacière*, s'éleve, ainfi que les autres hauteurs qui l'entourent, presqu'à l'égal de la *Chaîne méridionale.* Ses cimes font toute nues & tapiffées d'une *Pierre calcaire fiffile*, & d'une couche épaiffe de *Terre.* Plufi-

eurs

eurs couches de cette *Pierre* font pofées verticalement, dont quelques - unes affez hautes, &
au milieu d'elles fe trouve l'*abyme* en queſtion.
Son ouverture, en demi - cercle, eſt d'environ
40. *Sajenes.* A *l'Eſt* & au *Sud*, elle eſt entourée
de hautes couches efcarpées, & à *l'Oueſt* & au
Nord, de mêmes couches inclinées, qui revê-
tent également fon fond. Ses bords commencent par un efcarpement de 15. *Sajenes*: ils
deviennent enfuite moins efcarpés, & continuent encore environ 12. *Sajenes* jusqu'à l'endroit
où fon fond eſt rempli de *Glace* & de *Neige*,
au deſſus des quelles l'ouverture a 7. *Sajenes*
de longueur & 14. de largeur. Tout à fait au
fond fe trouve un autre *Trou*, qui n'a guère
plus d'une *Sajene* de longueur; mais on ne fauroit déterminer pofitivement fa profondeur, à
caufe des différens obſtacles qui empêchent de
la mefurer. Les traces de la *Glace* qu'il renferme, fe décelent en haut & en bas, par la ré-
fonnance que produifent les *Pierres* qu'on y
jette.

A la gauche de ce *Trou*, on voit une fente
profonde dans la Montagne, remplie également
de glace.

On ne fauroit attribuer la formation de cette
glace, à rien autre chofe, qu'a l'écoulement

des

des eaux, qui s'y rendent des fommités: le local le prouve évidemment; & c'eft au commencement du Printems, fans doute, qu'il s'en
forme le plus, parce qu'alors la *Neige* qui fe
trouve autour de cette *Ouverture*, fe fond par
la chaleur du foleil, & en s'y écoulant, fe géle de nouveau par le froid presque continuel
qui doit y regner, à caufe de la profondeur extraordinaire de l'*Abyme*, où le foleil ne peut
jamais pénétrer , & à caufe de la neige perpé-
tuelle dont fon fond eft couvert.

Dans les mois de Juillet & d'Aout, le volume de glace diminue ordinairement à caufe de
la chaleur de l'air, qui alors atteint même le
fond de l'*Abyme:* auffi s'y trouve - t - il moins
de glace en Automne qu'au Printems & au commencement de l'Eté, & de - là vient vraifemblablement le bruit, comme s'il contenoit plus
de glace dans les tems chauds que dans les
tems froids. Mais dans le tems indiqué même,
la fonte de la glace eft plus ou moins confidérable, fuivant la qualité de la faifon & le degré de la chaleur; & l'eau dégelée alors dans
l'*Abyme*, géle de nouveau en hyver, & par conféquent la glace ne fauroit jamais s'y épuifer
totalement.

Dans les *Montagnes* voifines de *Salghir*, on
ren-

rencontre par - tout, tant fur leurs *Côteaux* que dans les *Vallons*, quantité *d'Argile ferrugineufe* brune & rougeâtre, & au deſſous de celle-ci, en plufieurs endroits, de la *Mine de Fer limoheufe* de différentes formes; & des *Stalagmites* dans les fentes des *Montagnes*. Aux environs du village *d'Eniſſalé*, fitué vers le haut de la Rivière ci-deſſus nommée, les pieds des *Mon*-*tagnes* abondent en différentes efpèces *Schifteu*-*fes*. On y trouve auſſi, outre *l'Ardoife* gros-fière grife, une *Ardoife* compaĉte ou *Argileufe*, dont les feuillets ont plus d'une demie *Archine* d'épaiſſeur, & qui varie dans fes couleurs, à caufe du mélange des parties *ferrugineufes*; & une autre tendre & noirâtre, ou *l'Ardoife* mai-*gre*, qui eſt fi fragile, qu'elle fe réduit d'elle même en petits fragmens à l'endroit même où elle gît. Au refte, fa pofition aux pieds des *Monts* eſt en plus grande partie perpendiculaire.

Quant aux lieux fitués près des hauteurs de *Salghir*, il s'y trouve des *Plaines* rafes entre les *Montagnes*, dont le *Sol* eſt par lui-même *Argileux* & *Pierreux*, mais couvert d'une couche épaiſſe de *Terre végétale*, & par con-féquent propre à l'agriculture.

Les bords de cette *Rivière* font coüverts de *Jardins* & de *Prairies*, & les *Montagnes* abon-

dent

dent en *Bois*. A quelque diftance de-là vers *l'Oueft*, ces *Montagnes centrales* baiffent un peu, & continuent ainfi jusques près de *Bou-laclava*; & dans toute cette étendue, elles con-fiftent, en plus grande partie, en *Bancs d'Ar-gile*, où les différentes efpèces de *Schiftes* fe rencontrent en quantité, & font en général couvertes de *Bois*.

A l'égard de la fertilité du *Sol*, les cantons renfermés par le *Salghir* & *l'Alma*, fe diftin-guent dans cette continuité de *Montagnes*: on y rencontre des *Vallées* vaftes, abondantes en divers *Paturages* & propres à toutes fortes de cultures.

Il nous refte à décrire maintenant la nature des principales *Montagnes* maritimes & leur pofition.

Elles commencent, comme on l'a déjà dit, à *Boulaclava*, & courent de-là paralellement aux Bords de la *Mer Noire* jusques près de *Caffa* (*Theodofie*) formant une *Chaîne* qui n'eft in-terrompue que parfois; & dans toute cette étendue, on rencontre tant de traces des ef-forts violens des *Feux fouterreins*, que cette partie méridionale des *Montagnes* mérite une attention plus particulière que toutes les autres. Leur hauteur, quoique non encore pofitive-

ment

ment mesurée, furpasse probablement les 300 *Sajenes* en plusieurs endroits: mais on n'y rencontre nulle part des *Pétrifications*. La *chaîne primitive* de ces *Montagnes*, commençant à *Boulaclava*, parcourt sans interruption environ 30. verstes en longueur, & observant presque toujours la même élévation: il s'en détache ensuite une partie auprès du village *d'Aloupka*, qui s'éloignant de la *Mer*, se dirige jusqu'à *Yalta*, & est connue sous le nom *d'Aya-daghe*.

La côte *Septentrionale* de cette chaîne est moins escarpée & couverte de Bois; & la *Méridionale* n'est en pente que vers le bas des pieds; & vers les cimes, fort escarpée. La *Roche* qui forme ces escarpemens, est partout uniforme; c'est-à-dire de *Pierre calcaire* compacte, gris-foncée, apartenant au genre des *Pierres puantes*; car dans la trituration, elle donne une odeur d'œufs pourris. Les pieds inclinés de cette *Chaîne* se terminent en bords escarpés, mais pas bien hauts, à la *Mer*, & consistent en un fond *Argileux* où l'eau des Pluyes & des neiges, descendant des hauteurs, a creusé de profondes *Ravines*; car cette proximité des *Montagnes* avec la *Mer* & leur extraordinaire escarpement, occasionnent une violence dans sa chûte. Mais plusieurs de ces *Ravines*, ainsi que les grandes

Pier-

Pierres tombées des hauteurs & qui fe trouvent autour d'elles, ont encore une autre origine; car les fentes qui fe rencontrent dans quelques endroits parmi elles, & l'afpect horrible des *Montagnes* près du village de *Simyaouffe*, à 20. *Verftes* de *Yalta*, où l'on voit des maffes énormes de *Pierres* éparfes çà & là, & jusques fur le Rivage: tout ces objets prouvent indubitablement que le *Tremblement de Terre* s'y eft fait fentir jadis.

Dans tous ces *Ravins* & dans les Bords des *Ruiffeaux*, l'on trouve de grandes couches de *Schiftes* des efpeces *dures* & *fragiles*, parmi les quelles on rencontre auffi (beaucoup *d'Ardoifes en rognons*, pour la plupart de forme ronde & couvertes d'écorce jaune & rougeâtre *ocreufe;* effet du mélange des parties ferrugineufes. Et parmi les efpeces *Schifteufes*, l'on découvre dans quelques endroits, *l'Ardoife des Toits* noire, qui fe délite en feuillets minces, ne fermente pas avec l'*Eau forte*, & éclate peu ou pas du tout, au feu. Toutes ces qualités prouvent qu'elle eft propre à la couverture des Toits.

Dans les *Bancs argileux* formant le pied de cette *chaîne*, il n'eft pas rare de trouver l'efpece d'*Argile Schifteufe* noire, qui fe defféchant à l'air, ſe briſe en petits morceaux, dont elle couvre des eſpaces entiers. Le *Sel Marin* s'y forme auſſi dans quelques e droits des Bords des *Ruiſſeaux*.

Le *Sol* ſuperficiel de ces Pieds, paroît par ſoi même ſtérile, n'étant qu'une *Argile ſeche*; cependant il produit malgré cela, non-ſeulement dans quelques endroits du *Bo's* & des *Pâturages*, mais des *Végétaux* même qui ne ſe rencontrent pas ailleurs. Les Jardins plantés le long de la Côte, depuis *Boulaclava* jusqu'à *Yalta*, ſe diſtinguent même de tous les autres par la grande variété & l'excellence de leurs Arbres fruitiers, qui ſeront tous indiqués & décrits à leur place.

Si l'on recherche les cauſes de cette fertilité, on ne ſauroit l'attribuer qu'à cette immenſe quantité de *Sources* & de *Fontaines* d'eau renfermées dans le ſein de la Terre, qui y entretiennent une humidité continuelle: celle-ci ſuplée à tous les defauts dans la qualité du *Sol*; ce qui ſe confirme aiſément par les lieux qui par leur ſituation ſont privés de toute humidité, & par là abſolument ſtériles.

Les Roches eſcarpées de la chaîne en queſtion, ſont entiérement nues jusqu'au Village d'*Aloupka*: de-là, s'aprochant de *Yalta*, elles comme-

commencent à fe couvrir de grand & de petit Bois, qui s'étend enfuite plus loin.

Dans le Canton de *Yalta*, ces *Montagnes* offrent un afpect bien agréable: elles entourent la Côte de la Mer en demi-cercle & s'élancent vers le haut par différens étages, couverts de Bois. Depuis les pieds jusqu'à leur moyenne région, elles font fermées de *Bancs argileux*, enfuite de *Pierres* dures *Calcaires*, que des parties *ferrugineufes* font paroître rougeâtres en quelques endroits.

Dans toute cette chaîne on rencontre fur les Cimes mêmes, des *Plaines* vaftes, en partie de Roc, & en partie couvertes d'une épaiffe couche de *Terre*. Les *Tartares* les nomment *Yaïlia*. Elles produifent les meilleurs *Pâtura-ges*, & les Habitans de la Côte y font paître leurs troupeaux en Eté, où ils jouiffent encore de l'avantage d'être à l'abri des piquures des guêpes & d'autres Infectes.

La *Plaine* aux pieds de ces *Montagnes*, qui s'étend jusqu'à la Mer eft couverte de Champs & de Jardins: les deux petites *Rivières* qui l'arrofent, ne contribuent pas peu à fon embel-liffement. C'eft *Akar-fou* & *Balla-fou*. La dernière mérite furtout d'être remarquée: elle fait mouvoir trois *Moulins*, quoique l'efpace

qu-

qu'elle parcourt depuis ses sources jusqu'à son
Embouchure, n'ait pas plus de 5. *Verstes*; de
façon que l'eau détournée vers son haut, &
conduite à un de ces *Moulins*, au bas du Côteau,
est élevée de 3. *Sajenes* au dessus de l'horizon
du reste de son eau; ce qui prouve la rapidité
du courant de cette petite *Rivière*.

Le cercle de *Yalta*, ainsi que tous les endroits
Maritimes, en général, abondent en *Ruisseaux*
& en *Fontaines* que fournissent les *Montagnes*:
on en entend le murmure partout, & leur eau
dans les plus grandes chaleurs des mois d'Eté,
est aussi froide que la glace même.

Depuis *Yalta* jusqu'à *Aloufchta*, la *grande Chaîne de Montagnes* continue à peu près uniformément, s'éloignant seulement plus de la *Mer*, &
étant couronnée de mêmes Rochers escarpés
couverts de Bois que jusques là; mais ses
pieds, dans cet espace, diffèrent de nature: ils
sont hérissés de très hautes *Montagnes* de différentes formes, isolées, en partie *Argileufs* &
en partie *Pierreufes*, qui portent des marques
innombrables des changemens violens que ce
Terrein y a subis.

Près de *Yalta* on trouve sur une de ces *Montagnes*, un *Abime* immense, comblé de *Pierres*;
& à l'entour, de grandes fentes & cre asses
dans la terre.   Auprès

Auprès d'*Ourſove*, de grands blocs de *Pier-*
res, détachés de la *Chaîne* en queſtion, ſont
épars à ſes pieds; & au bord même de la *Mer;*
une *Montagne* de Roche eſcarpée & iſolée, conſerve encore les Ruines de l'*ancien Ourſove.*
De-là jusqu'à *Kiſiltaſch*, les *Montagnes* de la
Côte ſe hauſlent ſenſiblement, montrant partout
à leur ſurface, une *Argile ferrugineuſe* rouge,
mêlée à la ſubſtance de la *Roche* même .Et le
Cap très élevé près du village de *Parthenide* &
qui s'avance loin dans la *Mer*, prouve évidemment que ſon origine eſt due aux *Feux ſouter-*
reins. Il conſiſte en une *Montagne* iſolée couverte de Bois Taillis, & élevée de plus de 100.
Sajenes au deſſus du niveau de la *Mer*: elle
paroît presque ronde, & ſes Cimes, en forme
de *Voûtes*, ſont bombées de tous côtés. Ses pieds
ſont presqu'en talus, & unis. Les Pierres qui
s'y trouvent, apartiennent au genre des *Layes*
dures. Elle ſont couvertes d'une Croute gros-
ſière, noire & jaunâtre, & le dedans en eſt
gris-clair & gris-foncé, bigaré de *Criſtaux noirs*
de Schorl & de paillettes de *Mica*, ce qui les
rend en tout reſſemblantes au *Piperino* des Minéralogiſtes, employé à *Rome* & autres endroits
de l'*Italie*, dans les Bâtimens.

La grande dureté de çette *Pierre*, la rend
 ſus-

fusceptible de poli : ou pourroit donc l'employer en Colonnes & à d'autres ornemens ; les plus
brunes paroiffent y être les plus propres. La
Montagne du Cap en eft comme revêtue, &
de très grands blocs, verticaux, la couvrent
de tous côtés ; mais fur les cimes, ce font de
grandes *Dalles* quarrées, horizontales. Autour
de fa bafe, on rencontre en quantité, du *Spath-
ferrugineux* rouge-brun, & de *l'Argile* rouge,

A 5. *Verftes* de ce *Cap*, il en exifte un autre
auprès du *Petit Lambat*, compofé de la même
efpece de *Pterre* ; mais pas auffi élevé. Il forme
avec le premier une *Baye* fuffifante pour fervir
de refuge aux vaiffeaux. Les environs de cette
Baye manifeftent plus que partout ailleurs encore, les effets d'un *Tremblement de Terre*. Les
Rochers efcarpés de la *grande Chaîne* font fendus ici de différentes manières, & d'immenfes
Pierres font répandues à fes pieds, & jusques
dans la *Mer* même à une affez grande diftance
des Bords : plufieurs d'elles font fort élevées
au deffus de la furface de l'Eau ; tout le rivage
eft couvert, dans un efpace de quelques *Verftes,*
de Blocs de *Pierre Calcaire* rouge, remplie de
fentes par l'effet des *Feux fouterreins*, qui
la font paroître bigarée, par l'infiltration d'un
Spath blanc dans fes fiffures.

Auprès,

Auprès du *Grand Lambat*, fitué fur une haute *Montagne* à 4. *Verftes* de-là, on retrouve encore les mêmes *Produits Volcaniques*, en grands
blocs perpendiculairement pofés, dont quelques-uns ont plus de 2. *Sajenes* en longueur &
en largeur.

Les *Montagnes* à *Bancs argileux* qui s'étendent du *Petit Lambat* jusqu'à *Aloufchta*, égalent presque, par leur élevation, celles de la
Principale Chaîne fituées derriere elles, & forment vers la *Mer* un bord haut & efcarpé. On
y trouve, ainfi que dans toutes celles qui parviennent jusqu'ici depuis *Yalta*, différentes especes de *Schiftes argileux*; & dans la *Montagne*
fur la quelle le village de *Partbenide* eft bâti, du
grès feuilleté, que les Habitans du Lieu & du
Lambat, employent à la couverture des Toits,
quoiqu'il foit peu propre à cet ufage.

On rencontre aufli dans ces *Bancs argileux*,
partout, & particuliérement au bord de la *Mer*,
d'épaiffes couches *d'Argile pétrifiée* grife & jaunâtre, abondante en parties *ferrugineufes*, &
dont les couches font pour la plupart couvertes d'excroiffances de *Quartz blanc*, d'une très
grande pureté, & qu'on employe à la fabrique
des *verres*. On trouve encore du *Quartz feuilleté* le plus pur, en grands morceaux, entre

 Yalta

Yalta & *Ourſove*. Quant à la fertilité du Terrein dans toute cette étendue; elle eſt analogue presqu'en tout, aux endroits ſitués entre *Boulaclava* & *Yalta*.

Aux pieds de la *Chaîne* croiſſent dans quelques endroits des *Arbriſſeaux*, & ſur les Cimes le *Bois* même, & d'autres *Végétaux*: des Jardins fruitiers s'étendent tout le long de la Côte.

Aux environs *d'Ourſove*, la ſituation ſe diſtingue par ſa beauté: des Roches, eſcarpées entourent ici une *Vallée* en pente, & ſont couvertes d'un *Bois* épais: les deux bords d'une petite Riviere qui traverſe cette *Vallée* par le milieu, ſont couverts de vaſtes *Champs* & *Jardins*.

Près d'*Alouſchta* la *grande Chaîne* s'interrompt, & deux immenſes *Montagnes* détachées d'elle, ferment dans un grand lointain, la *Vallée* cy-deſſus nommée. Une de ces *Montagnes* eſt réputée être la première de toute la *Tauride*, & à cauſe de la reſſemblance de ſes Cimes à une *Tente* ou *Pavillon*, les *Tartares* l'ont nommée *Tſchatir - dagh* ou *Tſchadirdaghi*, qui veut dire *Montagne en Tente*, ou en *Pavillon*. Par ſa longueur, elle ſe dirige entre l'*Eſt* & l'*Oueſt*, s'élevant de ces deux côtés en bords eſcarpés; de deux autres, ſes pieds ſont en pente douce,

dont

dont celui du *Nord* s'étend environ 12. *Verſtes* & celui du *Sud*, 15. *Verſtes* jusqu'à la Mer. même, & conſiſte en *Bancs argileux* & en différentes eſpeces de *Schiſtes*. Elle a, ſur ſes cimes, des *Plaines* unies, vers le Sud & le Nord, en partie *Pierreuſes* & en partie couvertes d'une épaiſſe Couche de *Terre* qui produit différentes *Plantes Alpines*; mais le milieu même de la *Montagne* conſiſte, vers la Cime, uniquement en Pics hauts de la *Pierre-puante* calcaire, griſe, très compacte & dont les couches en pluſieurs endroits ſont perpendiculairement élevées.

Au *Sud*, ſes pieds ſon tous couverts d'un *Bois* épais. Il continue également au *Nord* jusques près de ſes Sommités ; avec l'exception que plus il s'en aproche, plus rare il devient, ne formant à la fin que des *Boçages* épars.

Un de ces *Bocages* recele auſſi un *Abime* où la Glace & la Neige ſe conſervent toute l'année. Il n'eſt pas auſſi vaſte que celui dont nous avons deja parlé ; car il n'a guere plus de 4. *archines* de diamêtre, & peut-être 14. *Sajenes* de profondeur.

Tout au Sommet, dans quelques autres crevaſſes, la Neige ſe conſerve également tout un été: Cependant elles ſont très peu profon-

des

des, & feulement à l'abri des rayons du *So-leil*; ce qui prouve l'élévation diftinguée de cette *Montagne*, joint à ce qu'on l'aperçoit du Côté de *Pérecop*, à plus de 70. *Verftes*, & que pour la plupart du tems elle eft couverte de nuages. Par un tems fort clair, on peut voir de cette *Hauteur*, presque toute la partie Occidentale de la *Presqu'ile Taurique*: les objets variés qui fe préfentent alors à la vue, font de la plus grande magnificence; & nommément les *Montagnes* boifées qui l'environnent & qui lui font bien inférieures en élévation, la vafte *Plaine* qui s'étend vers *Koslowe*, la *Mer Noire*, & toutes les Habitations de ces lieux.

La feconde *Montagne* qui ferme la *Plaine* d'auprès *Aloufchta*, eft à la droite de celle que nous venons de décrire, & ne lui céde guere en élévation. Sa longueur fe dirige du *Nord* au *Sud*. A l'*Eft*, elle eft *Argileufe* & couverte de *Bois*, vers fes pieds; mais vers le haut elle eft formée de mêmes *Roches Calcaires* que celles de fes autres *Montagnes* environnantes. Vers l'*Oueft*, elle eft compofée de *Bancs Argileux* mêlés de *Schiftes*, dans fa partie inférieure, & d'immenfes Blocs de *Poudingues* font fendus & brifés de différentes maniéres; ce qui donne un afpect étrange à toute la *Montagne*. Quel-
ques-

ques-uns de ces Coloffes pofés fur fes cimes, reffemblent à des hautes *Tours*, à des *Pyramides*; d'autres à des *Colonnes*, & femblent être l'ouvrage des mains d'hommes.

Les *Poudingues* qui repréfentent ces édifices imaginaires, ne font pas d'une folidité uniforme: il y en a de fi fragiles, qu'on les brife à la main: d'autres, font extrêmement durs, & préfentent un compofé de fragmens de *Pierre Calcaire*, de *Quartz*, & de grands & petits *Cailloux*, tous cimentés par une *matière argileufe*. On rencontre auffi dans quelques-uns de ces Blocs, des morceaux d'*Argile pétrifiée*, rouge-brune tenant *Fer*, & couverts de taches brillantes couleur de *Plomb*. (*a*)

Toute la partie fupérieure de la Montagne couverte de ce *Poudingue* eft ftérile, mais vers fa bafe, elle n'eft pas dénuée de fertilité, & aux environs du village de *Temirdji*, le *Sol* eft propre à l'agriculture & à la culture de différentes

---

(*a*) Toute cette description eft très obscure. Seroit-ce de la *Mine d'Antimoine* pareille à celle qu'on tire d'Antoni-Schacht, à Chemnitz en Hongrie? Comme celle-ci, elle a des taches rondes, couleur de *Plomb* (fi l'on veut) fur une *Pierre argileufe* grife. Ou feroit-ce de la *Mine d'Argent blanche?*

rentes fortes d'Arbres & autres végétaux de Jardinage.

Les *Montagnes* qui giffent de là vers le *Nord*, font couvertes de *Bois* épais. Une *Pierre Calcaire*, noire, qui s'y rencontre, mérite d'être remarquée : elle eft d'une confiftance fi dure, qu'elle reffemble à un *Silex*, & doit, fans doute, fa couleur au mélange d'une *Matière combuftible*.

Combinant la nature de cette *Pierre*, avec la fituation & l'afpect de cette *Montagne*, il eft impoffible de douter que les *Feux fouterreins* n'ayent auffi produit jadis différens effets dans cette Contrée.

Tout l'efpace compris entre cette *Montagne* & *Tfhatir-dagh*, eft occupé par des *Bancs argileux* fort élevés, qui s'etendent jufqu'à *Aloufchta*. Parmi les efpeces *Schifteufes*, on rencontre en abondance une *Pierre argileufe* noire, fi fragile, que fes débris recouvrent entiérement plufieurs de ces *Bancs*.

Le *Sol* aux environs d'*Aloufchta*, ainfi que de toute la Côte méridionale, eft jaune *Argileux*, & fi fec dans les lieux élevés, que les *Plantes* fémées exigent immanquablement d'être arrofées; on doit même l'améliorer avec du fumier pour l'agriculture. Mais le long d'une

médi-

médiocre *Rivière* qui y ferpente, on voit quantité de Jardins pourvus de différens *Arbres
fruitiers* ; parceque la couche de *Terre* à fes deux
bords, eft épaiffe & humide par foi-même.

A quelques *Verftes* de la *Vallée* où le village
actuel d'*Aloufchta* eft fitué, la *Chaîne des grandes
Montagnes maritimes*, interrompues jusques là,
recommence & continue enfuite fans interruption, jusqu'à *Ouskuth*, fe tenant éloignée
d'environ 10. Verftes de la Côte.

Tout l'efpace compris entre elle & la *Mer*,
eft occupé par de hautes *Montagnes argileuf s;*
matière qui compofe également tous leurs pieds.
Au refte elles font de même nature que celles
qui font entre *Yalta* & *Aloufchta.*

Relativement à l'élévation & la nature des
Roches qui conftituent cette *Chaîne*, elle eft
analogue avec la *principale* que nous avons déjà
décrite & dont elle n'eft qu'une partie. Mais
quant à la qualité du *Sol* des lieux fitués à fes
pieds, il eft égal à celui du Canton d'*Aloufchta.*

Dans les *Vallées* & *Valons*, le long des *Ruis-
feaux*, le Terrein eft affez fertile; mais fur
les Hauteurs il demande de l'amélioration & de
l'arrofement, parcequ'il eft extrêmement aride
& produit très peu de *Végétaux* par foi même.

En face d'*Ouskuth*, les Cimes de la Chaîne
fe

ſe ſéparent en deux d'une manière particulière, laiſſant une longue ouverture entre elles, & où l'on a pratiqué un chemin droit à *Karaſſe-bazare.*

De deux côtés de cette Ouverture ſont deux très hautes *Roches*, de forme presque Conique, qu'on aperçoit de loin du chemin de *Pérecop* avant toutes les autres *Montagnes*. Aux environs du milieu de leurs pieds, on trouve en quantité de la *Mine de Fer Argileuſe*. De médiocres *Montagnes d'Argile* jaune & de *Schiſtes*, s'étendent ici depuis ces *Roches* jusqu'à la *Mer*: on rencontre auſſi parmi elles, d'épaiſſes Couches de *Pierre Argileuſe* noire & griſe, ſur la quelle ſe forme, aux environs *d'Ouskuth*, ainſi que par de-là, le long de la Côte, quantité de Petits *Criſtaux de Roche* (*a*) qui par leur pureté & transparence, ne cedent en rien aux

Cri-

(*a*) L'original ajoute : *avec une pointe aiguë au deſſus* (*ou en haut*). On a ſuprimé cette addition, comme inutile; car ſi l'Auteur vouloit déſigner par-là la *Piramide* ordinaire & commune aux *Criſtaux de Roche,* ce n'étoit qu'alonger le discours. Mais s'il avoit quelqu'autre idée en vue, elle étoit incompréhenſible pour le Traducteur, l'Auteur ne l'ayant point expliquée.

Criſtaux Orientaux. Ils ſont raffermis par leur baïe, dans un *Quartz* ſolide.

Parmi les *Schiſtes* de ces *Montagnes*, pluſieurs, à cauſe de l'abondance du *Fer* qu'ils contiennent, ont non ſeulement changé de couleur, mais ſont couverts même d'*Ocre* jaune.

On trouve auſſi parmi eux, dans différens endroits, des *Poudingues* qui ſe montrent également par-ci-par là, au *Sud* & au *Nord* des pieds de deux Roches ci-deſſus indiquées.

La *Vallée* d'*Ouskuth* jusqu'à la *Mer*, traverſée par une petite *Rivière*, eſt aſſez agréable par la quantité de *Jardins;* mais les *Montagnes* environnantes ſont pour la plupart ſtériles.

D'*Ouskuth* à *Soudak*, la *Chaîne de Montagnes* ſe dirige de la même manière que d'*Alouſchta* à *Ouskuth*, & on n'y remarque aucune différence ni dans la nature de ſa *Pierre*, ni dans les propriétés de ſon *Sol*, ſinon qu'elle eſt encore plus éloignée de la *Mer*.

La Côte de la *Mer* eſt formée de mêmes hautes *Montagnes Argi'euſes* ſtériles, qui produiſent ſeulement par-ci par-là, du Bois, en s'aprochant de *Soudak;* mais les *Vallées* & *Vallons* ſitués entre elles, ſont fertiles, & on y rencontre partout des *Jardins* & des *Champs.*

A 10. *Verſtes* d'*Ouskuth*, un *Cap*, qui s'avance

ce affez loin dans la *Mer*, mérite d'être remarqué: il apartient au genre des *Hauteurs* primitives qui giffent fur la Côte méridionale de la
Presqu'île Taurique.

Une haute *Montagne*, éloignée de toutes les
autres, forme ce *Cap*, qui correspond cependant par toutes fes parties conftituantes, à toutes les *Montagnes* qui l'environnent. On voit
encore jusqu'à préfent fur fes Cimes, les ruines
d'une *Tour* de pierre & d'autres *Bâtimens*: les
Tartares les nomment *Tfchöban-calé*, ou le *Fort
des Bergers*, parcequ'elles fervent d'azile aux
Troupeaux qui y paiffent en été.

S'aprochant de *Soudak* on voit encore un *Cap*,
très diftingué par fon élévation & par fon
étendue dans la *Mer*: il eft formé par les *Montagnes* de *Soudak*.

Près de *Soudak* même, toute la face des *Sites*
change, & toute la Contrée préfente de nouveau des traces évidentes des événemens que la
Nature y a opérés, relativement aux changemens dans la *Partie montueufe méridionale* & fur
les Côtes de la *Mer*. La *grande Chaîne de Montagnes*, s'éloignant de 12. *Verftes* environ de la
Mer, eft couronnée de Roches perpendiculairement pofées, & brifées de différentes façons
& dont la *Pierre Calcaire*, qui les conftitue, eft

mar-

marbrée de rouge & de jaunâtre : effet du mélange des parties ferrugineuses. Les *Montagnes argileuses* qui s'en détachent vers la *Mer* & qui font éparpillées fans aucun ordre, font féparées les unes des autres par de profondes *Ravines*, & couvertes d'*Argile* grife & jaunâtre, fous la quelle giffent différens Minéraux; favoir : le *Schifte groffier*, *gris*, la *Pierre argileufe dure*, les *Poudingues*, formant dans quelques endroits des *Montagnes* mêmes; la *Mine de Fer argileufe*, brune en dédans & rougeâtre en déhors, en couches épaiffes & en *Mottes* écailleufes; l'*Ocre* & les Criftaux de *Sélénite*.

Au refte les très-hautes *Montagnes de Roche* de la Côte même, manifeftent, tant par leur afpect que par leurs parties conftituantes, qu'elles ont été en partie foulevées par les efforts des *Feux-fouterreins*, & en partie en ont fubi différens changemens, parmi les quels la *Hauteur* fur la quelle la Ville de *Soudak* eft fituée, doit furtout être comptée pour le principal. Elle eft éloignée des autres, & de forme presque conique, toute formée d'une *Pierre calcaire* dure dont les couches, fi étroitement foudées, qu'on ne fauroit les diftinguer, font faturées d'une couleur noire-foncée aux pieds de la *Montagne*. Dans la partie fupérieure, cette

E

Pier-

Pierre est grise-noirâtre; mais à cause du mélange des parties ferrugineuses, elle manifeste dans quelques endroits d'autres couleurs.

Ces substances, ferrugineuse & inflammable, indiquent déjà assez l'origine de cette Montagne; mais les différens *produits des Feux-souterreins* qui gissent à ses pieds, le témoignent encore davantage. Ce sont quelques *Laves* de l'espèce de celles que nous avons déjà ci-dessus désignées; savoir: une *Pierre-ponce* noirâtre & grisâtre, mêlée de *Calcaire*; de grands morceaux d'une *Pierre argileuse*, grisâtre, remplie de Cristaux de *Schorl* & d'*Eflorescens*, & des *Scories ferrugineuses* qui ressemblent parfaitement à celles de nos forges.

A la droite de cette *Montagne*, on en voit encore une, surpassant toutes les autres en hauteur. Elle est entourée de profondes *Ravines* de trois côtés, & au quatrieme, baignée par la *Mer*. Les *Ravines* sont revêtues de couches épaisses d'*Argile pétrifiée* & de *Schifte* gris extrêmement compact, qui ont des inclinaisons différentes; quelques-unes même sont verticalement posées.

Parmi les *Schiftes* compacts, on en rencontre qui se délite aisément en feuillets, & s'imbibe peu d'eau; il paroît, par conséquent, propre

à

à la couverture des toits. La Cime de la *Montagne* est légerement concave à son milieu; il y croît, ainsi que dans d'autres endroits de sa surface, du *Bois* de haute futaye. Au reste, elle est entourée de *Roches*, qui s'élevent en *Pics* du côté de la *Mer* depuis sa base, & sont bouleversées de différentes manières. La *Pierre Calcaire* qu'on y rencontre, contient aussi un mélange de *Fer*, & paroît par-là marbrée de rouge & de jaunâtre.

Les *Montagnes* le long de la Côte à la gauche de *Soudak*, ont des aspects variés. Elles sont plus basses que les deux précédentes, mais elles leur sont analogues par la nature de leurs *Minéraux*. Les plus proches ont, pour la plûpart, leurs Cimes en arrêtes, & leurs pieds, couverts d'*Argile* grisâtre, mais celles qui sont à une 8ne de *Verstes* de-là, vers *Sud-Est*, avancent en *Promontoire* dans la *Mer*, dont les *Roches* bouleverfées prouvent, qu'elles avoient jadis essuyé une forte secousse. Sur leurs cimes, ainsi que sur les autres *Hauteurs* qui se détachent d'elles vers le *Nord*, on rencontre dans les fissures, quantité de *Spaths Calcaires* jaunes, & des *Boules marneuses*, *pénétrées de veines noires Spathiques*, qu'on nomme *Pierres cloisonnées (Ludus Helmontii)*.

La

Le *Sol*, auprés de *Soudak* même, est stérile, & à l'exception de deux ou trois sortes de *Plantes* particulieres, il ne produit presque aucun *Végétal*, à cause de sa sécheresse extraordinaire, qui doit être attribuée, ainsi que dans tous les endroits de la Côte ci-dessus marqués, à l'action des *Feux souterreins* dans les tems anciens. Mais à 5. *Verstes* de-là, le *Sol* est déjà beaucoup plus fertile : les *Montagnes* vers le Nord, contenues dans cet espace, commencent à devenir boisées, & leurs flancs produisent différentes *Herbes*.

Les fameux *Vignobles* de *Soudak*, qu'on préfere à tous ceux de la *Tauride*, occupent entre ces *Montagnes*, une vaste *Vallée* qui s'étend environ 10. *Verstes*, jusqu'à la *Mer* même. Le fond de leur terrein, est une *Argile* grisâtre, mêlée d'une *Terre noire & grasse* & de *gravier*, & au dessus de la quelle git une autre *Argile dure*, rougeâtre. D'ailleurs la quantité inombrable de sources d'eau qu'il recele & qui l'entretiennent dans une humidité continuelle, facilite, non seulement la production des meilleures espèces de *Raisins*, mais aussi d'autres *fruits* délicieux, dont les *Arbres* plantés sans aucun ordre & mélangés d'autres servant uniquement à l'ornement, donnent le plus agréable aspect du monde à ces *Vignobles*. De

De *Soudak* à *Caffa*, les Montagnes font en partie *Argileufes* & abondantes en efpèces *Schifteufes*, & en partie de *Pierres Calcaires* à leurs cimes, où croiffent quelques arbres dans quelques endroits. Elles font affez hautes, & celles de la Côte, pour la plupart ftériles; mais à quelques *Verftes* de-là, les *Vallées* & *Vallons* fitués entre elles, font fertiles & abondent en *Pâturages* & autres *Végétaux* : on y voit auffi des jardins à Arbres fruitiers, plantés le long des ruiffeaux qui les traverfent.

A 15. *Verftes* de *Caffa*, la *Principale Chaîne de Montagnes* fe termine, du côté de la *Mer*, par de hautes *Montagnes en Roche*, ifolées, la plupart formées de la même *Pierre Calcaire* noirâtre, que celles de *Soudak*. Quelques-unes d'elles s'élevent en arrêtes, & font couvertes de *Bois* & de *Brouffailles*.

Vers la *Mer*, elles font taillés à pics formés de *Poudingues* (de *Cailloux cimentés par une Argile rouge-brune*) dont des blocs immenfes, détachés font repandus aux pieds des *Montagnes* & dans la *Mer*.

Dans les fentes des *Montagnes*, on rencontre dans quelques endroits, une *Pierre verte* reffemb'ant à du *Jafpe* , qu'on nomme *Pierre de Corne*, & fon autre efpèce, *veinée & tachetée;*

E 3

&

& près du Village d'*Otouße*, ainſi que par de-
là, vers *Caffa*, on trouve ſur les *Montagnes argileuſes*, du *Talc* blanc & pur (*verre de Moſco-
vie*); mais ſes morceaux n'ont guere plus
de ¼ d'*Archine* de longueur, & ſont très raboteux & poreux.

Les *Montagnes* qui s'étendent de cette extrêmité de la *Principale Chaîne* vers *Caffa*, deviennent *argileuſes* preſque toutes; & il eſt à
remarquer que leurs *Roches* commencent à re-
celer des *Coquilles pétrifiées* dont on n'avoit eu
jusques-là aucune trace dans toute l'étendue
de cette *Chaîne*.

Vers la *Mer*, on remarque ſur ces *Montagnes*
de grands affaiſſemens & éboulemens; particuliérement dans toute cette partie du terrein
autour d'une *Baye*, où étoit conſtruite la *Dou-
ble Batterie*. Ce qui joint aux *Pierres* qui ſe
trouvent dans la *Mer*, prouve que les *Montagnes* y ont ſubi différens changemens dans leur
poſition & dans leur nature.

Celle aux pieds de la quelle eſt ſituée *Caffa*,
vers la *Mer*, eſt compoſée, en plus grande partie, d'*Argile marneuſe*, blanchâtre, mêlée, dans
quelques endroits, d'*Ocre* jaune, & qui produit
très peu de *Végétaux*. La *Pierre* qu'elle contient, n'eſt formée que de petites *Coquilles*; elle

a fervi à la conftruction de presque toute la ville.

Le *Cap* qui s'étend des pieds de cette *Montagne* & la *Pointe de Terre* qui s'avance de la *Presqu'ile de Kertfch*, forment une *Baye* vafte, qui fert de *Port* à toutes fortes de vaiffeaux.

Le rivage de la *Mer*, qui, depuis *Boulaclava* jusques-là eft couvert de *Sable de Mer* gris & de *Cailloux roulés*; l'eft ici, le long de la *Baye*, de *Gravier* jaunâtre fur lequel croiffent des joncs, & d'Ecailles de différentes *Coquilles* La *Mer* y rejette en quantité de l'*Algue* qu'on employe en France pour enfumer les Terre. & pour enveloper les vafes de verre qu'on tranfporte.

Au refte la Nature a pofé les bornes à la *Partie montueufe* à l'extrêmité de la *Montagne* que nous venons de d'écrire, de façon que de-là vers *l'Orient*, commence la *Presqu'ile de Kertfch*, qui differe des zones précédentes & par fes fituations locales & par la nature de fon *Sol*, comme on le verra clairement par la description fuivante.

3°. De la presqu'ile de Kertsch.

La *Presqu'ile de Kertfch*, qui n'a qu'un peu

plus

plus de 20. *Verftes* de longueur, & 20 à 50
de largeur, préfente à fon entrée des *Plaines*
rafes & unies, qui fe couvrent enfuite de *Collines*, & près de *Kertfch*, de petites *Montagnes* même.

Les Bords de la *Mer Noire* & de celle *d'Azow*
qui l'entourent, font fort élevés & efcarpés,
formés pour la plupart de *Côteaux argileux*,
dont quelques-uns s'étendent dans les *Terres*,
interrompant en long & en large les dîtes
Plaines.

Entre ces *Collines*, dans les *Vallons*, on rencontre fouvent de grands & de petits *Lacs
Salés*, où le *Sel* fe forme en été, & qui par
leur pofition prouvent évidemment, qu'ils tirent leur origine des *Golfes* de la *Mer*; car
plufieurs d'eux n'en font féparés que par
des *Langues de Terre* étroites & baffes, dont
le *Sol* n'eft que *Sable de Mer* & *Coquilles*, d'où
l'on doit conclure que les vagues de la *Mer* ont
comblé leur communication.

Tous ces endroits manquent abfolument de
Rivières, à l'exception de quelques Ruiffeaux
peu importans, dont l'eau tarit en été, & n'eft
pour la plupart, que bourbeufe: auffi les habitans de ces lieux, & de ceux qui font
fitués entre *Perecop* & *Salghir*, font obligés

de

de fe fervir de l'eau des *Puits*, qui, felon fon fond, eft dans quelques endroits fort faumâtre. Mais aux environs de *Kertfch* & de *Jénicalé*, les *Montagnes* fourniffent d'excellentes *Sources*, dont l'eau eft amenée par des conduits fouterreins, dans ces deux villes.

Le *Sol* en général, à l'exception des *Marais Salans* autour des *Lacs Salés*, peut paffer pour fertile. Il eft formé, ainfi que la plus grande partie de la *Tauride*, d'une *Terre franche argileufe*, couverte d'une épaiffe couche de *Terre graffe & noire*, très propre à l'agriculture : auffi le cercle de *Kertfch* paffe-t-il pour le plus abondant en grains de toute cette contrée. Il produit partout, en grande abondance, des *Pâturages* & autres *Végétaux*: les *Vignes* & les meilleurs *Arbres fruitiers* y réuffiroient fans grande difficulté, temoin les jardins qui reftent encore auprès de *Kamifch-bouroune*, à 6. *Verftes* de *Kertfch*, & ceux des environs de *Jénicalé*.

La *Presqu'ile* eft abfolument dépourvue de *Bois;* mais il femble que rien n'empêcheroit fa multiplication, vu le fuccès qu'ont ici les *Arbres* des jardins, & les *Arbriffeaux* de Rofier & d'Epines qu'on y rencontre, quoique rarement, dans les *Vallons*.

E 5

L'Ifthme

L'Ifthme d'*Arabat* forme une partie féparée de la *Presqu'ile de Kertfch*, & mérite des obfervations particulieres. Il fe dirige presqu'en droite ligne, du *Sud* au *Nord*, entre les *Mers* d'*Azow* & de *Sivafche* (ou *Putride*) il a environ 20. *Verftes* de longueur, mais fa largeur varie, ayant tantôt plus, & tantôt moins d'une *Verfte*.

Le fond de fon *Sol* eft *Sable* & *Coquilles*, & à l'exception de quelques *Collines*, fon terrein eft uni. On y rencontre auffi quelques petits *Lacs Salés*, fur lesquels, ainfi qu'aux bords de *Sivafche*, le *Sel* fe forme dans les grandes chaleurs de l'été. L'eau douce s'y trouve bien dans quelques *Puits* creufés; mais pour la plupart elle eft *Saumâtre*. Quant aux *Végétaux*, il n'y croit que des *Herbes* de pâturage, aux quelles le fond du *Sol* eft propre.

Les *Montagnes*, qui commencent à 6. *Verftes* de *Kertfch* & fe terminent au bout de la *Presqu'ile*, ont une fituation uniforme; car en traverfant celle-ci en large, elle forment différentes *Chaînes*, entre les quelles fe trouvent des *Vallées* fpacieufes. La *Pierre Calcaire* qui les conftitue, eft remplie de *Coquilles pétrifiées*.

Dans ces *Vallées* du Canton de *Kertfch*, on rencontre quantité de *Buttes* (*Tumulus*) fort élevées:

élevées : tombeaux des anciens habitans de cette contrée. Elles font de différentes dimenfions. Souvent plufieurs font rangées fur la même ligne, à côté l'une de l'autre, & l'herbe qui les recouvre, leur donne une apparence de *Collines* produites par la Nature.

Les *Bancs argileux* des bords de la *Mer - Noire* & du *Golfe de Jénicalé*, font quelquefois mélangés de la même *Pierre Calcaire* que celle des *Montagnes* de la *Presqu'ile*, & particuliérement à l'endroit où ce Bord forme un *Cap*. Dans d'autres, fes efcarpemens font formés uniquement de différentes couches *d'Argile* mêlées avec de la *Mine de Fer* & de l'Ocre, & de dépouilles de *Coquilles marines*. La couche fupérieure eft partout d'*Argile* fertile, mêlée de *Terre graffe & noire* ; vient enfuite l'*Argile Jaune* ordinaire, d'une *Sajene* d'épaiffeur. La troifieme eft une *Terre brune ferrugineufe*, mêlée d'*Ocre* & de différentes *Coquilles* où l'on rencontre auffi de la véritable *Mine en Globules*. Les *Coquilles* y font fouvent remplies d'*Ocre bleue*, proprement nommée *Bleu de Pruffe natif*. Au deffous de celle-ci, une *Argile blanche*, mêlée de fragmens de *Coquilles*, s'étend par couches jusques au fond.

Près de *Takelmiffe*, à 25. *Verftes* de *Kertfch*,

où

où le bord haut & efcarpé de la *Mer* eft formé
de pareilles couches, l'on trouve quantité de
Mine de Fer limoneufe, que les vagues de la
Mer détache & rejette fur le vivage: par fa dureté, elle reffemble à du *Fer de fonte*. Mais
entre les lits d'*Argile*, dans le bord même,
elle eft de l'efpèce des *fragiles*, & couverte
de taches de *Bleu de Pruffe natif*. On trouve
auffi aux pieds de ces efcarpemens, de la *Terre
verte*, (vert clair) qui doit vraifemblablement
fa couleur au mêlange de l'*Ocre jaune* avec le
Bleu de Pruffe. Près de *Kamifch-bouroune* (ou
Cap des Joncs) qui n'eft qu'un amas de *Sable*,
très peu élevé & s'avançant de quelques *Verftes*
en forme de *Presqn'ile* dans la *Mer*, on rencontre dans quelques endroits, du *Sable ferrugineux* noir; & les lits inférieurs des *Sables* du
bord, ont une teinte verdâtre: c'eft-la que
l'on trouve le plus du *Bleu de Pruffe natif* & des
conglomérations de *Coquilles pétrifiées*, faturées de *Mine de Fer*.

Quant aux *Coquilles* en général, renfermées
partout dans les *Roches* de cette Côte; elles
font pour la plupart de l'efpèce de celles que
la *Mer* y rejette encore de nos jours; mais
comment font-elles parvenues à une profondeur de quelques *Sajenes* & fous des couches

d'Argile

d'*Argile* ? On ne fauroit autrement décider cette queftion, fi non que c'eft l'effet des fé-dimens de la *Mer* dépofés en différens tems, & qu'il faut renvoyer aux anciennes Epoques de la Nature.

La Côte de la *Mer d'Azow* eft analogue pres-qu'en tout à celle que nous venons de décrire ; à l'exception qu'on y rencontre moins de *Co-quilles pétrifiées*. Au refte elle abonde également en *Matières ferrugineufes*, & l'on y re-trouve dans quelques endroits l'*Ocre* jaune & l'*Argile rouge*.

En s'aprochant de *Kertfch*, les bords de Roche du *Golfe de Jénicalé* forment une affez grande *Baye*, dont le bout *Sud* eft un *Cap* affez élevé & en *Pic*, nommé *Ak-bouroune*. De la jus-qu'à *Jénicalé* & dans toute cette contrée, le bord eft extrêmement haut, mais de la même nature, étant compofé d'*Argile blanchâtre mar-neufe*, mêlée dans quelques endroits d'*Ocre* jaune, & de *Pierres* formées uniquement de petites *Coquilles*.

Vers le *Nord*, à 1. *Verfte* de *Jénicalé*, les *Sources falées*, fituées fur les Cimes des *Mon-tagnes*, meritent d'être obfervées. Elles fem-blent bouillir en fortant de Terre, & raportent du *Pétrole* de fon fein : celui-ci furnage l'eau

dans

dans des baſſins creuſés autour d'elles, & on l'y ramaſſe pour être employé à graiſſer les roues, ou dans les lampes en guiſe d'huile. Il a auſſi ſon utilité dans la Médécine, ſurtout à l'egard des membres gélés. Epuré par la diſtillation, il eſt encore en uſage dans les Apothicaireries pour différens remedes, de même que pour de certaines Compoſitions ſervant à l'Artillerie.

La *Terre argileuſe* à l'entour de ces *Sources*, eſt toute imbibée ſuperficiellement de cette *Huile de Montagnes*; de façon qu'elle eſt noire comme de la *Poix*, & s'allume facilement au feu, donnant une odeur forte & déſagréable.

A 5 *Verſtes* de là, vers le *Nord-Oueſt*, on trouve, également ſur les Cimes d'une *Montagnes*, un *Marais* rempli d'un *Limon noir Sulfureux* dans une *Eau ſalée amere*, qui répand une odeur d'oeufs pourris. Sur les *Végétaux* de ce *Marais* ſe forme le *Foye de Soufre* (*Hepar Sulphuris*); ce qui joint aux *Sources* en queſtion, démontre l'exiſtence d'une *Subſtance inflammable* dans le ſein de la Terre. Ceci mérite d'autant plus de conſidération, qu'on en retrouve des marques abondantes dans la partie oppoſée au *Golfe de Jénicalé*; c'eſt-à-dire dans l'*Isle de Taman* qui nous reſte à décrire. 4°. DE

4°. DE L'ILE DE TAMAN.

Cette Ile remarquable, git le long du *Dé-troit de Jénicalé*, & en eſt en partie entourée, & en partie par les bras de la *Rivière de Cuban*. Elle n'a pas 10. *Verſtes* de diſtance de la pointe Septentrionale de la Côte de *Jénicalé*; mais dans d'autres endroits, elle en eſt à 18. Sa longueur, juſqu'à *Temruk*, fait environ 60. *Verſtes*; mais ſa plus grande largeur, juſqu'au bras méridional du *Cuban*, eſt de 40; & la moin-dre, juſqu'au *Liman*, où ce bras ſe jette, un peu plus de 20. *Verſtes*.

Sa poſition, relativement au niveau des eaux environnantes, eſt fort élevée; ſes bords ſont preſque partout eſcarpés, ayant plus de 10. *Sajenes* de hauteur.

Le *Terrein* y eſt pour la plupart *argileux & montueux*, mais ſes *Montagnes*, compoſées de *Bancs d'Argile*, peuvent n'être comptées que pour des *Collines*, vû leur peu d'élevation, quoique de loin elles paroiſſent être aſſez hau-tes: aparence qui n'eſt due qu'à la poſition exhauſſée de l'*Isle* même.

On y rencontre auſſi, dans quelques endroits, un *fond de Sable*, particuliérement dans la par-tie Méridionale, aux environs de *Liman*, où

le

ſe trouvent auſſi de vaſtes *Salines* & un grand *Lac Salé*, où le *Sel* ſe forme en été.

- Les marques de l'abondance des *Parties Salines* dans ce *Terrein*, ſe manifestent également en différens autres endroits; ce qui n'a pas empêché cependant qu'on n'y ait pratiqué ci-devant l'agriculture avec ſuccès, & particuliérement dans les *Vallées* en pente entre les *Collines*, où la couche ſupérieure du *Sol* eſt mêlée de *Terre noire graſſe*. Quant aux *Pâturages*, on n'y en manque pas, & ils ne différent en rien, ainſi que les autres *Végétaux*, de ceux qui ſe trouvent dans la Partie de la *Presqu'ile de Kertſch* qui lui eſt oppoſée.

La Nature n'y produit pas ſpontanément du *Bois* & des *Erouſſailles*; mais comme on voit aux environs de *Taman*, de Vaſtes *Jardins* de quelques *Verſtes* d'étendue, où le Raiſin & différens Arbres fruitiers croiſſent depuis bien du tems, l'on doit en conclure qu'il n'eſt pas impoſſible de les y multiplier non plus. Entre les principales cauſes qui contribuent à la fertilite de cette *Ile*, l'on doit, ſans doute, compter la nature même de ſon *Air*, qui ſe remplit continuellement de vapeurs de l'eau environnante; d'où il arrive que pendant les Mois de la plus grande chaleur, on y eſſuye, non ſeulement

lement

lement de *Rofées* particuliérement fortes; mais
d'épais & longs *Brouillards* même, qui rafraî-
chiffent la *Terre* & lui communiquent l'humidité
néceffaire à la végétation. (Mr. le Confeiller
d'Etat Müller pretend que le nom même de
Taman dérive de fes fréquens *Brou:llards;* car
en *Turc* & en *Ruffe* le *Brou:llard* fe nomme
Toumane; or, il affirme que les *Turcs* appellent l'*Ile* en queftion, *Toumane*, & non pas
Taman).

On n'a aucune *Eau courante* dans toute l'*Ile;*
mais la Terre y renferme dans fon fein d'abondantes fources d'*Eau douce*, témoin les conduits fouterreins pratiqués pour amener cette
Eau dans la ville de *Taman* & fes environs, &
les *Puits* des différens autres endroits.

De tous les objets remarquables de cette
Ile, & produits par la Nature, les *Gouffres*
qui rejettent un *Limon falé*, & les *Sources fa'ées*
qui contiennent du *Pétrole*, méritent le plus
notre attention.

Les premiers font à 5. *Verftes* de *Taman*,
vers *Sud - Eft*, fur les Cimes des *Montagnes argileufes*, feparés, mais peu éloignés les uns des
autres. Quelques uns ont deja terminé leur
action: d'autres rejettent encore une *Boue* ou
Limon gris -foncé mêlé de *Pétrole*, qui fe ré-

F   pand

pand autour d'eux fur la furface du *Sol*, & qui par une addition continuelle y forme deja des *Collines.*

Ces *Collines* font de forme presque ronde, avec une petite ouverture tout au milieu du fom- met, où le *Limon* en queftion s'éleve comme une veffie, & d'où il fe répand de tous côtés.

Le *Sol* aux environs de ces *Collines* eft tout à fait ftérile & couvert en différens endroits de *Sel admirable de glauber*, qui fe manifefte également fur le *Limon* defféché.

Auprès des *Gouffres* le terrein eft plein de fentes, de crevaffes, & mouvant lorsqu'on marche deffus; ce qui doit être attribué au vuide qui eft deffous. Les *Gouffres*, ci-de- vant agiffans, confiftent maintenant en de hau- tes *Collines*, formées de *Limon* projetté, qui en fe defféchant, s'eft fendu partout.

Aux environs des *Gouffres* qui font encore en activité, on fent une certaine chaleur dans l'air, quoique la *Matiere projettée* paroiffe froide au tact. On remarque de plus que cette *Matiere* eft rejettée en bien plus grand volume pendant les jours chauds que dans les tems froids. Tout cela doit fervir de preuve de l'exi- ftence d'une *Subftance inflammable* qui agit là dans le fein de la Terre. Les

Les *Sources falées*, plus abondantes en *Pétrole* que ces *Gouffres* même, font à 3. *Verftes* du *Liman méridional du Cuban* & à 20. de *Taman*, droit vers le *Sud*. Elles occupent une étendue de 300. pas dans un *Vallon* entre deux *Montagnes*. Elles ont auffi une ouverture ronde & rejettent quelque *Limon;* mais en général elles font remplies d'une *Eau falée bourbeufe* que le *Pétrole* furnage. Celles qui font près du grand chemin de *Liman*, en abondent le plus: une couche d'un pied environ d'épaisfeur, les recouvre, & ce *Pétrole* eft beaucoup plus épais & plus noir que celui d'auprès de *Jenicalé*.

La *Terre* aux environs de ces *Sources falées* eft pour la plupart *Marneufe*, & tout l'efpace qu'elles occupent eft rempli par un *Schifte Marneux grisâtre & légerement jaunâtre*, *alumineux*, *faturé de Pétrole*, qui fe délite en feuillets minces à l'air, & peut être employé à la fabrication de l'*Alun*. Ces lits des *Schiftes* de cette efpece, s'étendent bien par de-là les *Sources falées*, & dans tout ce *Vallon*: dans quelques endroits, ils font verticalement pofés.

L'on dit que vers le haut du bras méridional de la *Riviere de Cuban*, près de la ci devant Colonie de *Nekraffow*, on trouve des *Sources de Naphte*

pur,

pur, fans mélange d'eau. Vu donc cette grande abondance de l'*Huile des Mo tagnes* dans différens endroits de cette *Ile*, l'on doit conclure que tout fon intérieur eft rempli dans la profondeur, de *Matieres combuftibles réfineufes*, d'où cette *Huile* fe diftille, felon les opinions des Phyficiens, par l'action des *Feux fouterreins*: auffi la trouve-t-on, pour la plupart, dans les lieux où jadis les *Feux-fouterreins*, avoient exercé leur violence.

Il nous refte encore à remarquer que ce *Pétrole* eft fi volatil, qu'il répand fes vapeurs à des diftances presqu'incroyables: par les vents d'*Eft*, l'odeur qui en émane, fe fait fouvent fentir dans l'air, anx environs de *Karaffe-bazare*, au milieu de la *Presqu'ile de Tauride*.

Quant à la continuation de la Côte de *Taman* le long du *Détroit de Fenicalé*; il eft à obferver qu'elle eft en plufieurs points analogue à celle de *Kertfch* qui lui eft oppofée, étant compofée, comme elle, de *Bancs argileux*, parmi lesquels on rencontre, quoique rarement, des fragmens de différentes *Coquiles*; mais on n'y trouve aucune trace de la *Pierre calcaire*, dont toute l'*Ile* même eft dépourvue.

Mais la principale conformité de leurs bords confifte, en ce que femblable à ceux des Rivieres,

vieres, ils correspondent entre eux; fi bien
que quand un d'eux préfente un *Cap*, ou un
angle faillant, l'autre, à l'opofite, préfente une
Baye ou une anfe rentrante: refultat du vio-
lent *Courant d'eau* dans ce *Détroit*, qui de tems
en tems change, fuivant la direction & la force
des vents. Mais en général, la *Mer* eft beaucoup moins profonde près des bords du *Taman*,
qu'à l'opofite: il s'en détache même deux *Bancs*
fort étendus, dont l'un court paralellement à
l'*Ile*, & l'autre, foumarin, coupe le *Golfe* en
diagonale & s'aproche fi près du bord oppofé,
qu'il ne laiffe qu'un paffage tiès étroit entre eux
pour les vaiffeaux.

Ces deux Bancs forment une *Baye* fpacieufe
devant la ville de *Taman*, qui mériteroit même
le nom de *Port*, fi fon peu de profondeur n'em-
pêchoit les gros vaiffeaux d'y entrer.

                    Ayant

Ayant décrit les différentes poſitions des lieux, les propriétés & la nature du ſol, & tout ce qui méritoit d'être obſervé dans le *Regne minéral*, nous préſenterons de même les autres objets relatifs à la conſtitution phyſique de la *Tauride*; c'eſt à dire, ſon Climat, la nature de ſon air, ſes *Végétaux* & ſes *Animaux*.

Du Climat et de la nature de l'air.

Relativement au *Climat*, la Nature a doué la *Tauride* de toutes les meilleures propriétés qu'on puiſſe attendre de ſa favorable poſition; & ſi on manquoit de preuves de cette aſſertion, ſes productions *Végétales* ſeules doivent le témoigner; car indépendemment de quantité d'arbres & de *Plantes* ſauvages, propres ſeulement aux Contrées méridionales, les *Fruits* les plus délicats, qui demandent un grand ſoin & des abris contre les froids dans les *Climats* modérés même, muriſſent ici dans les jardins ſans aucune peine & travail; comme nous le ferons voir en détail ci-deſſous.

La

La falubrité du *Climat* doit encore fe confir-
mer par la confidération, que l'air chaud y
régne les ⅔ de l'année, & que la Nature ne s'y
repofe que 4. mois dans l'année, & quelquefois encore moins.   Le Printems commencé
communément au mois de Mars, & la chaleur
de l'air, effuyant les variations du tems, croît
par degré jusqu'aux plus grandes, qui durent,
depuis la mi-Juin jusqu'à la mi-& quelquefois
jusqu'à la fin d'Aout.   Et quoiqu'on n'ait point
obfervé encore à quel degré ces chaleurs parviennent, en général cependant elles font fortes.   Mais les vents forts & continuels, qui
pendant tout ce tems fouflent avec une régu-
larité particuliere , depuis les 10. heures du
matin jusqu'à 6. du foir, les tempérent & les
rendent plus fuportables que dans bien des endroits de la partie Méridionale de la *Ruſſie*. Les
pluyes fréquentes, accompagnées fouvent de
tonneres violens, contribuent auffi beaucoup
à rafraîchir l'Air.

Dès le commencement d'Aout les nuits deviennent déja fraîches, & à la mi Aout, les
chaleurs du jour même, commencent auffi à
diminuer. Les Mois de Septembre & d'Octobre, forment communément la plus belle faifon
de l'année: la chaleur de l'air eſt modérée alors

                                        &

& le tems agréable ; ce qui coutinue quelque fois jusqu'à la mi‑Novembre fans interruption. A la fin de ce mois commence ordinairement l'*Automne*, fuivi, en *Décembre*, d'un froid très inconftant d'*Hiver*, & de *Neiges* ; mais les gelées, qui furviennent alors, ne durent jamais plus de 2. ou de 3. jours ; & il arrive même fouvent qu'on a des jours chauds & agréables dans le mois de Janvier.

Quant aux différens vents obfervés dans toutes les faifons de l'année ; ceux du *Nord* & du *Nord-Eft*, peuvent être comptés pour les plus conftans ; car ils durent plus long tems que les autres, & traverfant des *Plaines* rafes où ils ne rencontrent aucun obftacle à leur direction, ils fouflent toujours avec impétuofité, apportant la Neige & le froid en *Hiver*, & un tems nébuleux en *Automne* & au *Printems*. Mais les mêmes vents, fouflant dans le même ordre en Eté, fervent le plus à rafraîchir & à purifier l'air, & on doit les regarder comme un don particulier de la Nature dans cette Contrée.

Tous les autres vents, au contraire, changent fi fouvent de force & de direction, qu'on peut les appeller tous en général, inconftans : & ils n'ont aucune qualité diftinguée, excepté ceux du *Sud-Oueft*, qui fouflent, quoique rarement, tement, avec impétuofité pour la plupart du tems en *Automne*. Pendant leur regne, on obferve une certaine chaleur particuliere dans l'air; de plus ils font accompagnés de féchereffe, malgré la quelle le ciel eft cependant couvert alors; en quoi ils reffemblent fi bien à ces *Ouragans* chauds de la *Perfe* & des autres endroits de l'*Afie*, qu'on peut les regarder comme de la même efpèce. Le degré de chaleur qu'ils occafionnent ici dans l'air, n'eft pas auffi confidérable à la verité, qu'il l'eft ordinairement dans ces contrées-là; d'ailleurs ils n'y produifent pas non plus d'auffi mauvaifes fuites pour la fanté de l'homme, qu'en *Afie*; ce qu'on doit vraifemblablement attribuer, à ce qu'en traverfant toute la longueur de la *Mer-Noire*, ils changent de nature.

Ainfi la différence dans la pofition des lieux, occafionne auffi quelque defférence dans la nature du *Climat* des diverfes parties de la *Tauride*; car dans toutes les *Plaines* qui s'étendent depuis le *Dnieper* jusqu'aux *Montagnes*, on reffent des chaleurs & des froids plus vifs; les *Pluyes* mêmes y font plus rares en *Eté*, qu'ailleurs; parceque leur fituation nue, & les *Vents* forts qui y regnent, empêchent, pour la plu-

F 5

part,

part, l'humidité de l'air de s'accumuler & de former des nuages pluvieux.

Mais dans la *Partie Montueuse*, on trouve une différence notable entre les lieux situés vers le *Nord* & ceux de la côte *méridionale*, malgré le peu de distance qu'il y a des uns aux autres; car les derniers étant couverts au *Nord* par une haute *Chaîne de Montagnes*, sont bien moins exposés aux froids que les vents en apportent, que ceux du *Nord*. Les vapeurs chaudes de la *Mer* contribuent aussi à y tempérer l'air: aussi y rencontre-t-on des *Plantes* particulieres qu'on ne voit pas dans les autres endroits. En *Eté*, l'action de la chaleur solaire y est beaucoup plus forte, parceque la *grande Chaîne de Montagnes* le long de la côte, sert à faire réfléchir les rayons du soleil; & quoique l'air, en pompant les vapeurs de la *Mer*, contribue le plus à la formation des *Pluyes* dans la *Partie Montueuse;* elles sont cependant rares dans la *Partie méridionale*, parceque les vents de *Mer* dissipent les nuages qui s'élevent & les chaffent plus loin au *Nord;* d'où il arrive souvent que dans le même tems que l'on effuye une *Pluye* forte à un des côtés de la *Chaîne*, un tems ferein & une très grande chaleur même, continuent à l'autre.

La

La pofition des *Montagnes* qui forment cette *Chaîne*, & les différentes ouvertures qu'elles laiſ-ſent entre leurs cimes, occaſionnent auſſi quelques ſingularités obſervées dans les vents; car dans quelques endroits ils changent pluſieurs fois en un jour, de force & de direction: il arrive même alors, qu'ils forment quelquefois des *Ouragans* ſi violens, qu'ils déracinent les plus grands arbres.

Mais ce qui mérite le plus d'être remarqué, c'eſt un certain vent de l'eſpece des *Inconſtans*, obſervé dans le canton de *Boulaclava* & dans d'autres endroits de la *Côte méridionale*, qui, à l'inſtar de ces *Rafales* de *Mer*, commence par ſouffler avec violence, & s'appaiſe dans un très court eſpace de tems. Et quoique pour la plupart du tems il s'éleve ici après le coucher du ſoleil, il produit cependant une chaleur remarquable & une odeur forte dans l'air. Sa direction ordinaire vient du côté de la *Mer*, & comme on ne le remarque nulle part que dans les endroits ci-deſſus nommés, il paroît vraiſemblable par toutes ces qualités & ces ſignes, qu'il eſt produit par les vapeurs *Sulfureuſes* des *Subſtances inflammables ſouterreines* cachées dans les abimes de la *Mer*, & dont on découvre tant de traces ſur ce bord.

Juge-

Jugeant en général des propriétés de l'air de la *Tauride*, il n'en contient en lui-même aucune nuisible; & en excluant les lieux situés proche de *Sivafche*, on ne sauroit le confidérer que très sain; car il n'y exifte aucune caufe qui puiffe empêcher de lui attribuer cette qualité.

Tous les lieux y font dans une position suffifamment élevée au deffus du niveau de l'eau environnante; on n'y rencontre nulle part ni *Marais* ni *Eau ftagnante*, & les vapeurs de la Terre s'y diffipent & s'épurent par les vents continuels. Le canton de *Sivafche* feul, eft fujet aux *vapeurs putrides* qui s'y élèvent dans les mois chauds; mais qui ne fe répandent cependant pas au loin, & ne font fenfibles que dans fon voifinage, lorsque les vents viennent de fon côté.

Mais comme dans tous les autres cas, les endroits qui forment la *Contrée de la Tauride* ne font pas tous dans les mêmes circonftances, on remarque auffi quelque différence entre eux quant à l'air; & ils font réputés plus ou moins fains les uns que les autres, fuivant leur pofition partielle & quelques autres caufes. La *Partie montueufe*, par exemple, eft regardée juftement comme la plus faine, à caufe de fa meilleuer leure expofition & de l'excellence de fes *Eaux* l'on préfere enfuite les cantons de *Koslow* & de *Kertfch* à tous les autres.

On n'a point obfervé de maladies particulieres jusqu'ici dans cette *Contrée* : les communes font les *Fievres* & les *Fievres chaudes* (*a*) qui fe manifeftent, pour la plupart, comme dans les autres climats chauds, vers la fin de l'*Eté*, quand les jours font encore chauds & les nuits déjà froides. Mais fi on prenoit alors des précautions néceffaires contre le réfroidiffement, on verroit qu'elles ne font pas inévitables. Les *Tartares* doivent nous fervir d'exemple là desfus: leur maniere de vivre & de fe vêtir, les expofe rarement à ces maladies.

On a auffi des *Diffenteries*, dans cette même *Saifon*, occafionnées en partie par les mêmes caufes, & en partie par l'ufage des *Fruits* nonmurs.

La *Pefte* ne s'eft jamais engendrée dans la *Tauride*; elle y a toujours été apportée de la
Tur-

(*a*) On peut-être les *Fievres malignes*; car les Ruffes donnent le même nom à ces deux maladies différentes, les nommant toutes deux, & même la *Fievre Putride*, *Fievre chaude*.

Turquie. Mais ce qui mérite le plus d'être re-marqué, c'est que la maladie cruelle, connue dans la partie Méridionale du *Gouvernement* d'*Aftracan* fous le nom de *Maladie de Crimée*, eft abfolument inconnue ici: on n'en entend feulement pas parler, & il eft très vraifemblable que ce nom lui a été injuftement donné (*a*).

___

(*a*) Il regne à *Aftracan* une efpece de *Lepre* qu'on apelle la *Maladie de Crimée*, & qui attaque des gens de tout âge, mais principalement ceux du bas peuple, qui fe nouriffent communément de mauvais poiffons & d'alimens cruds ou falés. Cette *Maladie* ne parvient à fon degré de malignité qu'au bout de quelques années, & pour lors elle devient mortelle; de forte que les *remedes*, qui auroient pu la guérir dans les commencemens, ne font plus d'aucun effet. Les premiers fymptomes par les quels elle s'annonce, font un vifage bouffi & bleuâtre, des taches rouges à différens endroits du corps, particuliérement aux extrêmités: ces taches ne font point douleureufes d'abord; mais elles caufent par la fuite des démangeaifons, & des cuiffons violentes. Au bout d'une couple d'années, toute la peau du corps devient rude, dure, écailleufe, & prend une couleur rouge tirant fur le brun; le vifage s'enfle confidérablement & devient abfolument difforme. Les *glandes* qui font fous la peau du vifage, fous la langue, celles du
Nez

Nez & de toutes les extrêmités, se durcissent & deviennent squirreufes. Les tumeurs s'ouvrent peu à peu,
& dégénerent, communément aux *Jambes*, en ulceres
malins qui exhalent une odeur fétide. Quelques uns de
ces ulceres se deffechent d'eux-mêmes & se ferment,
alors ils restent quelquefois fermés, quelquefois aussi
ils se rouvrent. Les *Bubons* exulcérés forment une
croute hideuse, & lorsqu'elle se seche, le *Malade*
ressent une cruelle démangeaison. Si l'une des écailles vient à se détacher par quelque accident, il en
résulte aussi-tot des ulceres qui pénétrent jusqu'aux
Os, & l'on a des exemples que des *doigts* ou des
Orteuils sont tombés articulation par articulation. En
fin le mal pénétre dans les parties intérieures, la
Gorge, s'exulcére, les *Narines* se ferment ou se rem-
plissent d'abcès. La *Langue* & le *Palais* sont rongés,
& souvent tout le *Poil* tombe. Dans des circon-
stances aussi déplorables, le *Malade* conserve tout son
appétit, & jouit pour l'ordinaire d'un sommeil tran-
quile; la transpiration est tantôt libre & tantôt inter-
rompue. Quelques-uns ressentent des douleurs dans
les membres, surtout lorsqu'il se fait quelque varia-
tion dans l'Atmosphere; d'autres éprouvent des maux
de tête; le pouls est foible & accéléré surtout vers
le soir. On ne peut pas dire que cette *Lepre* soit
contagieuse, quoiqu'elle attaque quelquefois des
familles entieres. Il paroit qu'il faut attribuer le
principe de cet affreux mal, à un dégré extrême de
corruption dans le sang & dans les autres humeurs
qui se forment dans le sang & qu'on peut le regarder
comme le dernier dégré du *Scorbut.*

NB: Nous

NB: Nous devons les détails de cette cruelle *Maladie* au célebre & malheureux Samuel George Gmelin, mort martir de l'*Histoire naturelle* dans les prisons du barbare *Usmey-Chan.* Mais Mr. Camper, qui a vu un homme attaqué de cette maladie à Londres, & eu occasion de traiter un autre à Amsterdam, la regarde comme l'*Eléphentiasis*, la vraie *Lepre* des *Grecs*, qui n'a rien de commun avec le *Scorbut.* L'autorité de ce Savant profond, est décisive, & il ne doit plus rester aucun doute sur l'espece de ce mal. Les malades dont parle Mr. Camper, venoient de l'*Amérique* où ils avoient été atteints de cette terrible & incurable maladie : les détails qu'il en donne, sont vraiment effroyables.

FIN DE LA PREMIERE
PARTIE.

2e. PARTIE.

Du Regne Végétal.

En parlant de la fertilité du *Sol* & de la nature du climat, nous avons plufieurs fois fait connoître que le *Regne Végétal* etoit également très abondant par tout ici. L'ordre exige donc, que nous rendions compte maintenant de tous les produits qui le compofent.

Les *Plantes* font auffi variées dans la *Tauride*, que les contrées qui la compofent le font par leur fituation, par les proprietés de leur *Sol* & par la nature de l'*Air*.

Elles repondent toutes au but général que la Nature leur a impofé; car les unes fervent à embellir la furface de notre globe, & à multiplier les fites agréables; les autres font deftinées aux différens ufages de l'homme & contien-

G

tiennent des vertus médicinales & autres qualités utiles: les troisiemes font propres aux pâturages & à la nourriture d'autres *Animaux*. Enfin il en eft auffi dont on ne connoit pas encore le mérite, ainfi que dans les autres Pays, & qui ne fervent qu'à animer la curiofité des Botaniftes à la recherche de leurs qualités.

Relativement à leur conformité avec des *Plantes* des autres Pays, les *Végétaux* de la *Tauride* font pour la plupart de la même efpèce que ceux des contrées méridionales de l'*Europe;* mais il s'en trouve auffi, & particuliément dans la partie méridionale des *Montagnes,* qui ne font indigenes que dans l'*Afie* feule; & ce font, pour la plupart, les mêmes que ceux qui croiffent fur la côte oppofée, en *Natolie,* & qui nous font déjà connus par les decriptions du célebre *Tournefort.* Parmi ceux-ci on en rencontre, dans quelques endroits, qui ne croisfent communément que dans les Pays Septentrionaux; & fur les Cimes des plus hautes *Montagnes,* on trouve des *Plantes Alpines.* Un mélange auffi varié doit fervir de preuve de l'excellence du *Climat* & du *Sol* de la *Tauride.*

Les *Plantes* des Jardins confiftent en partie en celles qu'on y avoit tranfportées des Pays

voifins,

voisins, & en partie de la *Turquie*; & la différence remarquée en divers endroits entre
elles, ne dépend pas autant des causes physiques,
que des soins qu'en prennent les propriétaires:
car la nature contribue partout uniformément
à leur production. Et quoique leur nombre
en général, soit déja assez considérable, on
l'augmenteroit encore bien davantage, si on y
en introduisoit d'utiles des Pays étrangers, tant
de l'*Europe* que de l'*Asie*, conformément aux
convenances des terreins.

Combinant donc le nombre considérable de
ces *Végétaux*, avec les différentes fins & usa-
ges aux quels ils peuvent servir, nous devons,
pour en rendre mieux compte, les diviser en
plusieurs classes. En conséquence nous trans-
crirons ici, 1°. les *Plantes* des Jardins & des
champs; 2°. les *Arbres* des Forêts & les Arbus-
tes; 3°. les *Fleurs* & les *Herbes* qui croissent
dans le sauvage.

DES JARDINS EN GÉNÉRAL.

Les endroits où la pus grande partie des
Jardins de la *Tauride* sont plantés, ont déjà.
été été indiqués ci-dessus: ils se ressemblent

    tous

réciproquement en ce qu'ils font toujours fitués le long des *Rivieres* & des *Ruiffeaux* qui descendent des *Montagnes* & facilitent leur arrofement.

Ils occupent partout une immenfe étendue, & pourvoyent aux commodités & aux befoi s des habitans ; car ils fervent non feulement à la production de différens *Arbres fruitiers*, mais encore à la culture de toutes fortes de *Légumes* & de *Plantes*. De plus, ils renferment des prairies pour les *Pâturages* & les *Fauchages*; auquel cas leur grande étendue & les *Arbres* plantés là fans aucun ordre, les font paroître plutôt comme des *Bois fruitiers* crées par la Nature, que comme des *Jardins* produits par l'art.

Outre le *Arbres fruitiers*, on y rencontre auffi partout différens autres, fervant en partie à l'ornement, & en partie pour donner de l'ombre ; en conféquence ils font ordinairement plantés autour de leurs enclos ; mais dans plufieurs endroits ils croiffent auffi indistinctement avec les *Fruitiers*, & forment un mélange très agréable.

Confiderant l'état intérieur de tous les *Jardins* en général, & les foins qu'en prennent les habitans, on y remarque partout fi peu de

traces

traces de travail & de foins, qu'il fembleroit
qu'on a abandonné presque tout aux follicitu-
des de la Nature feule. Malgré cette négligence
cependant, tout y réuffit à merveille.

Il arrive rarement qu'un propriétaire gréffe
quelque *Arbre*, ou qu'il le farcle d'une maniere
convenable; mals malgré cela, la piupart des
Fruits font d'une qualite diftinguée. Dans ce
cas, la *Vigne* eft ce qui mérite le plus d'être
obfervé; le *Raifin* y eft d'une grandeur remarquable, quoiqu'on le laiffe croftre dans un
parfait abandon, car ce n'eft que quelque part
feulement qu'on foutient fes feps par des *Echa-
las;* on les laiffe s'étendre par terre, ou elles
s'entortillent autour des *Arbres*, qui fe trouvent
à leur portée, comme la Vigne fauvage.

Tous les foins que prennent les propriétaires
de leurs *Jardins* fe bornent prefqu'uniquement
dans l'arrofement: ce qui même n'eft pas d'une
néceffité abfolue partout; auffi ne le font-ils
pas autant pour les *Arbres frui iers*, que pour
les *Plantes* fémées parmi eux, & pour les *Prairies* qui les accompagnent.

Relativement à l'inégalité obfervée parmi les
Jardins de la *Tauride*, nous avons déjà indiqué ci-deffus les endroits où fe trouvent les
meilleurs; neanmoins, à l'occafion de chaque

                    Plante

Plante nous indiquerons encore, nommément les *Jardins* où il s'en trouve le plus. En conféquence nous allons commencer par un dénombrement de toutes les efpeces d'*Arbres*, ainfi que des autres *Végétaux* des *Jardins*. Nous préfenterons avant tout, les premiers, par ordre; c'eft-à-dire, fuivant le rang que leurs *Fruits* obfervent ordinairement pour leur maturité.

LES ARBRES FRUITIERS ET LES BUISSONS.

1°. Les Guignes. (*Prunus Cerafus*, de Linné.) Elles fe trouvent en quantité dans presque tous les *Jardins*, & de deux efpeces: la premiere, en mûriffant, devient toute rouge; la feconde refte jaune, & eft plus grande que la premiere.

Elle croît le plus dans les *Jardins* des environs de *Soudak*, & mûrit dans les mois de Mai & de Juin. Les *Tartares* l'appellent *Kiriaff*, & employent fes jeunes branches en tuyaux de leurs pipes.

2°. Les Cerifes (*Prunus Cerafus*, de Linné.) Elles mûriffent dans le mois de Juin & fe trou-

trouvent par tout en quantité; mais n'étant partout que fauvages, elles font petites, rouge-foncées & aigres.

3°. Les Abricots. (*Prunus arméniaca*, de Lin.) Ils mûriffent auffi vers la fin de Juin, & fe trouvent, presque dans tous les *Jardins*, en très grands arbres ; mais plus encore aux environs de l'*Ancien Crime* & de *Soudak*. En général, les *Abricots* ne font pas grands, presque tout jaunes, & fort agréables au goût.

4°. Les Prunes (*Prunus domeflica*, de Lin.) Toutes leurs efpeces mûriffent dans le mois de Juillet. La premiere, jaunâtre, ronde, de la grandeur d'une *Noix*, fe trouve en plus grande partie aux environs de *Baktfchiffaray* & de *Soudak*.. La feconde, groffe, alongée, jaune, reffemblant aux *Prunes* de *Ste. Catherine* des *François*, ne fe trouve que dans les *Jardins* de *Baktfchiffaay*. Viennent enfuite les *Prunes noires* communes, répandues en abondance dans tous les *Jardins*. Les *Tartares* les nomment *Irik*. Ils en expriment le fuc, qu'ils font cuire jusqu'à la confiftance de *Miel*. Ils le mêlent avec de l'eau & en font leur boiffon, qu'ils nomment *Petmiffe*.

G 4

Dans

Dans les Jardins vers le bas de *Cabartha*, il se trouve une espece particuliere de *Prunes-noires*, de la grandeur d'un oeuf de poule. Et aux environs de *Baktschiffaray*, on en rencontre la grande espece ronde.

5°. Les Poires (*Pyrus communis*, de Lin.) Elles ne mûriffent pas toutes en même tems. Une espece mûrit, presque dans tous les *Jardins*, dans le mois de Juillet. Elle est d'une grandeur médiocre, arrondie, d'un vert tirant fur le jaune, & très fucculente. La feconde, d'une forme alongée, jaune, d'un goût particulier, fe trouve, pour la plupart, dans les *Jardins* le long de *Catfcha* & de *Cabartha*, La troifieme & la meilleure, mûrit dans le mois d'Aout. Elle furpaffe en grandeur (*a*) & en goût toutes les autres, & croît, le plus, dans les *Jardins* fitués le long d'*Indale* & de *Catfcha*.

Il fe trouve encore, aux environs d'*Aloupka*, une espece particuliere de *Poires d'hiver*, de la taille d'une groffe *Pomme*,
d'un

(a) C'eft l'espece de *Poires* qu'on nomme en *Ruffie*, *Doulis*, très communes, en *Ukraine*.

d'un vert tirant fur le jaune, & marquée
de petites taches rouges, comme les *Poires
de Rouffelet* de la *France*. Elles mûriffent
dans l'arriere faifon de l'Automne, de même qu'une autre variété de celle - ci des environs de *Caraffou - bazare*, qui eft ronde,
& platte, & qui reffemble à la *Bergamotte*;
mais n'exiftant que dans le fauvage, elle
n'eft pas bien agréable au goût.

6°. Les Pommes. (*Pyrus mants*, de Linné.)
Dans tous les *Jardins*; & leurs efpeces
variées mûriffent, depuis la mi - Juillet jusqu'à la fin de Septembre. Elles font en
général, d'une grandeur médiocre; mais
quelques unes d'un goût exquis, particuliérement celles d'Automne des environs de
Soudak. Elles font plus grandes que les
autres, d'un goût aigrelet admirable, d'un
rond aplati, & d'un rouge - foncé.

6°. Les Meures. (*Morus alba & nigra*, de Lin)
Les *Meures noïres*, à feuilles d'une grandeur remarquable & dont les *Baïes* font presque de la taille des *Prunes noïres*, croiffent
en quantité dans tous les *Jardins* maritimes
depuis *Boulaclava* jusqu'à *Soudak*, de même
qu'aux environs de *Baktfchiffaray* le long
d'*Alma*, de *Catfcha* & de *Cabartha*.

G 5

Ces

Ces *Arbres* ont quelquefois ⅔ Archine de diametre. Leur fruit qui mûrit dans le mois de Juillet, a un goût aigre agréable, & ce n'eſt que par raport à lui que l'*Arbre* eſt entretenu dans les *Jardins*: Les *Tartares* en font une grande conſommation, de frais & de féchés. On peut en faire du ſirop, qu'on employe avec ſuccès dans différentes maladies.

Une autre eſpece, a les feuilles & les *Baies* beaucoup plus petites, & ces *baies* font blanches & rouges. Elle ſe trouve avec les prècédentes dans pluſieurs *Jardins* de la partie Septentrionale des *Montagnes*; mais plus encore aux environs de l'*Ancien Crime*. Elles eſt plus propre à la nourriture des *Vers à Soye*, & mérite d'être plus multipliée pour les *Soyeries*, non introduites jusqu'à préſent encore par les *Tartares*, fans égard au climat, à l'air, & aux autres circonftances, très favorables partout à un pareil établiſſement.

8°. Les Avelines. Noiſettiers francs.

Elles font de deux eſpeces, & fort groffes: l'une eſt ronde, & l'autre alongée. La plupart croiſſent dans les *Jardins* maritimes aux environs de *Yalta*; elles font même

en

en grande abondance, & mûriffent dans le mois d'Aout. Outre celles-la, on rencontre auffi dans les Jardins aux environs de *Baktfchisfarai* & autres endroits, deux efpeces encore, dont l'une ronde, petite, avec une pointe aiguë, & très huileufe: l'autre, de la taille des *Noifettes* ordinaires des *Bois*, eft d'une forme alongée, & refte blanche après fa maturité.

9. Les Noyers. (*Nux juglans*, de Linné.)

Ils croiffent dans presque tous les *Jardins*, tant dans la partie feptentrionale que dans la partie méridionale des *Montagnes;* entre *Boulaclava* & *Aloufchta*, on en rencontre même des *Arbres* d'une grandeur extraordinaire, qui ont plus d'une *Archine* de diametre, & dont les branches s'étendent à plufieurs *Sajenes*. Indépendament de leurs fruits, leur ombre fert aux Habitans d'abri agréable dans les grandes chaleurs. Ils mûriffent vers la fin d'Aout: en général les *Noix* font groffes; mais il s'en trouve aux environs de l'*Ancien Crime* de la très groffe efpece.

10. Les Vignes (*Vitis vinifera*, de Lin.)

Les différentes efpeces de *Raifins*, mû-

riffent

riffent depuis la mi - Aout, jufqu'à la
mi = Octobre. Elles font très variées, &
different entre elles tant par la couleur &
la forme des *Raifins*, qu'en partie par d'autres qualités, étant plus ou moins propres
pour le *Vin* & pour le tranfport dans les pays
lointains.

Voici la lifte de toutes :

1. Le Raifin blanc, gros, allongé, à peau
épaiffe & à grandes feuilles. Il reffemble à celui qu'on nomme à *Aftracan*.
Raifin de Casbine, & mûrit au commencement d'Octobre; il eft propre,
au tranfport, à caufe de fa fermeté.

2. Raifin ordinaire blanc, long, reffemblant à celui qu'on nomme à *Aftracan*
Mamelles de Cheyres. Il mûrit avec
le précédent, & fouffre le tranfport.

3. Blanc, rond, pointu vers le bout, à
feuilles velues par deffous. En mûriffant en Septembre, il prend une
teinte jaune; c'eft le plus propre pour
le *Vin*.

4. Blanc, rond, à peau épaiffe, très gros.
Il mûrit en Octobre, & fe trouve

égale-

également propre pour le *Vin*, comme pour le tranſport.

5. Blanc, rond, à peau mince, gros, & qui en mûriſſant en Aout devient bleuâtre. Il ne peut ſe tranſporter à cauſe de la fineſſe de ſa peau; mais il peut être employé en *Vin*; les Tartares le nomment *Biaaſe-iſume*.

6. Blanc, rond, petit, à peau mince. Il reſſemble à celui qu'on nomme *Kiſchmiſch* à *Aſtracan*; mais il contient de gros pepins, au lieu qu'on n'en aperçoit guere dans l'autre. Leurs Feuilles à tous deux, ſont velues par deſſous.

Il mûrit en Aout, eſt propre pour le *Vin*, & ne ſuporte point le tranſport.

7. Blanc, oblong, de médiocre groſſeur, & reſſemblant au *Kiſchmiſch long d'Aſtracan*. En mûriſſant en Août, il devient jaunâtre, d'une douceur remarquable, & un des meilleurs pour le *Vin*.

8. Jaunâtre, rond, avec une petite tache noire au bout; il mûrit en Septembre, & a une certaine âpreté au goût; d'où les *Tartares* l'ont nommé *Muſcad*. Il

peut

peut être transporté, & employé en *Vin*, qui ne contracte rien de son âpreté.

9. Rouge-clair, rond, d'une grandeur remarquable, & transportable.

10. Rouge-clair, allongé, petit. Il mûrit un peu plus tard que le précédent, est d'un goût très agréable, & peut se transporter.

11. Noir, alongé, de la grosseur presque d'une *Prune-noire*, à feuilles d'une grandeur remarquable & découpées moins profondément que celles du *Raisin noir* ordinaire. Il mûrit en Octobre, & peut être transporté & employé en *Vin rouge*. Les *Tartares* le nomment *Asma*.

12. Noir, long, d'une grosseur médiocre, mûrit en Septembre, & peut être transporté.

13. Noir, rond, très gros. En mûrissant en Septembre, il prend une couleur bleuâtre, une douceur remarquable, & devient très propre pour la fabrication du *Vin rouge*.

14. Noir, rond, petit, à feuilles très peu décou-

découpées. Il devient aussi bleuâtre en mûrissant, & propre au *Vin*.

15. Noir tirant sur le rouge, le plus gros, ressemblant à la *Prune noire*, & comme veiné. Il murit en Octobre, & quoiqu'à peau très épaisse & dure, ses tiges, sont si fragiles & cassantes, qu'on ne sauroit le transporter. A *Astracan* on l'appelle *Raisin de Constantinople*.

La plûpart de ces *Raisins* 'croissent dans les *Jardins* aux environs de *Soudak*; mais quelques-uns se trouvent aussi en abondance dans d'autres endroits maritimes, de même que près de *Baktschissarai*, le long d'*Alma*, de *Catscha*, de *Cabartha*, &c. Le *Vin* qu'on en fait, tant rouge que blanc, est d'une qualité supérieure. Il est d'une force modérée, d'un goût agréable, & fort sain; aussi peut on le compter au nombre des meilleurs *Vins* de table. Mais quelle amélioration ne recevra-t-il pas encore avec le tems, lorsque ses *Vignes* feront mieux soignées qu'elles ne l'étoient jusqu'ici, & qu'on aura transporté Leurs *Seps* sur les hauteurs, où l'Air & le *Sol* leur font sans comparaison plus

con-

convenables, que les bas-fonds où ils fe trouvent actuellement?

11. Les Pêches (*Amygdalus Perfica*, de Linné.)

Il s'en trouve également dans la partie Septentrinoale comme dans la partie Méridionale des *Montagnes*; mais les meilleures font dans les *Jardins Maritimes* aux environs d'*Ourfove* & de *Soudak*. Elles mûriffent en Septembre, font d'une groffeur médiocre, blanches en dehors & en dedans, mais n'ont pas le goût auffi agréable qu'il le feroit, fi leurs *Arbres* avoient été greffés. Auprès de *Soudak* on en connoit une efpece particulière, dont la chair eft rougeâtre en dedans, mais dont le goût eft pareil à celui des autres.

12. Les Amandes (*Amygdalus Communis*, de Linné.

Dans les *Jardins* des environs de *Baktfchiffarai*, le long d'*Alma*, de *Catfcha*, & dans quelques *Jardins Maritimes*, ainfi que près de *Yenicalé*, mais en général pas en quantité, & d'une feule efpece, petites, à écorce épaiffe, mûriffant en Septembre. Les *Tartares* en font peu de cas, & n'ont pas

beau-

beaucoup tâché jufqu'à prefent de les multiplier, fans égard aux fuccès de ces arbres
partout où ils font bien entretenus; car malgré cette négligence, ils parviennent à la
hauteur des *Saules* médiocres. Par conféquent leur grande propagation pourroit être
d'une grande utilité, furtout fi on introdui-
foit les meilleures efpeces, comme celles de
la *Perfe*, dont les *Noifettes* quoique petites,
font envelopées d'une écorce fi mince,
qu'on peut les caffer à la main, & dont le
fruit eft d'une douceur & d'un goût très
agréables.

14. Le Coignier. (*Pyrus Cydonia.*)

Ils fe trouvent dans presque tous les
Jardins, & furtout en grande quantité dans
l'*Ifle de Taman*; on en rencontre auffi de
fauvages, dans les *Montagnes* entre *Balouclava* & *Aloufchta*. Le fruit mûrit vers la
fin de Septembre, & en général il eft d'une
groffeur médiocre. Mais puisqu'il réuffit fi
bien ici, on auroit pu y introduire celui de
la plus groffe efpece qui croît dans les *Montagnes de Caucafe* près de *Mosdak*, & qui fe
diftingue par le goût; d'ailleurs il eft particuliérement propre à être confit.

H

15. Le

15. Le Cormier cultivé. (*Sorbus domeſtica*, de Linné.)

C'eſt la même eſpece que celle de la *France* & des autres contrées méridionales de l'*Europe*, & ſe trouve ici en quantité ſuffiſante le long de *Catſcha*, d'*Alma*, de *Cabartha* & des Côteş. Ces arbres égalent les grands *Pommiers* en hauteur, leurs feuilles ſont comme celles des *Cormiers* ordinaires ; mais leurs baies ſont groſſes comme des *Pommes ſauvages*, & de deux eſpeces: l'une eſt ronde, & l'autre allongée, en forme de *Poire*. Elles ſont jaunes d'un cô é & rougeâtres de l'autre. En mûriſſant elles donnent un aſpect très agréable à l'*Arbre*.

Avant de les manger, on doit les garder quelques jours : elles acquierent par là de la molleſſe & du goût. En *Fr nce* on les ſeche pour l'hiver, & ſuivant le témoignage de *Du Hamel*, on peut en faire du *Cidre* qui ſurpaſſe en force celui des p mmes. Elles mûriſſent ici au commencement d'Octobre.

16. Le Cornouiller. (*Cornus maſcula*, de Linné.)

En quantité dans ous les *Jardins*, & un des *Arbres* les plus communs des *Foréts*,

crois-

croissant dans presque toutes les *Montag-nes*, & qui dans le tems de sa fleuraison, & vers l'Automne, lorsque le fruit en est déja mûr, est d'un aspect agréable.

Ses *Baies* sont de la grosseur d'une grande *Olive*, rouge-foncées & très aigres; mais gardées après avoir été cueillies, leur aigreur diminue, & les *Tartares* les mangent fraiches ou séchées. Mais le meilleur emploi à en faire est de les confire ou de les mariner comme l'Epine-vinette.

17. Les grenadiers. (*Punica granatus*, de Lin.)

Ils ne croissent en aussi grande quantité que dans les *Jardins* maritimes méridionaux entre *Balouclava* & *Aloufchta;* mais ils ne font tous que des sauvageons, transportés de la *Natolie*, & par là petits & pour la plupart aigres, quoique mûrissant parfaitement en Octobre. Or tout ceci prouve qu'on pourroit introduire ici les meilleures sortes, dont on tireroit différentes utilités; car ces arbres ne servent pas peu à l'embellissement des *Jardins*, lorsqu'ils font couverts de leurs *Fleurs rouges*, qui durent depuis la mi-Juin, jusqu'en Aout. Leur Fruit d'ailleurs contient une propriété médicinale: l'écorce de celui-ci est sur-

tout

tout employée dans la *Pharmacie*; & là où il s'en trouve beaucoup comme, p. e. en *Perſe*; on l'employe auſſi dans les *Tanneries*.

18. Les Olives. (*Glea Europæa*, de Lin.)

Croiſſent dans différens *Jardins* le long de la côte, depuis *Balouclava* jusqu'à *Lambat*; & les *Sauvageons*, dans leurs *Montagnes de Roches*, mais en général, pas en quantité.

Les troncs de leurs *Arbres* abandonnés aux ſoins de la Nature ſeule, ont dans quelques endroits près d'un *Archine* de diamêtre, & donnent ſuffiſamment de fruit, qui n'eſt pas bien gros. Mais il ſeroit facile d'y remedier, en greffant les *Arbres* & en les transplantant dans des lieux convenables. Mais les *Tartares* en font ſi peu de cas, qu'ils n'en cueillent le fruit qu'occaſionellement, pour être ſeulement mariné. La multiplication de ces *Arbres* ſeroit d'autant plus aiſée qu'autour de leurs racines ils ſort beaucoup de jeunes tiges, qui transplantées, réuſſiſſent à merveille.

19. Le

19. Le Plaqueminier ou le Guaïacana (*Diospyros lotus*, de Lin.)

Cet *Arbre*, propre uniquement aux climats chauds, croît ici dans les *Jardins* maritimes entre *Balouclava* & *Aloufchta*, & fans reffembler en rien au *Palmier*; il en a reçu le nom des *Tartares*.

Il fert plus à l'embelliffement qu'à l'utilité; car vu fa grandeur, il peut être compté parmi les plus hauts *Arbres*. Ses *Feuilles*, très belles, & reffemblant par la forme & par la grandeur à celles des *Noyers*, font en ovale-alongé, d'un vert foncé au deffus, & d'un vert pâle, & tant foit peu velues en deffous. Entre leurs *tiges* paroiffent, en Juin, de petites *Fleurs* blancbâtres, enfuite des *Baies*, rondes, de la groffeur d'une *Cerife* contenant quelques graines. Ces *Baies* en mûriffant en Automne, prennent une couleur jaune; mais quoique douces, elles font très aftringentes, & par là jugées être bonnes contre les *Diarrhées*.

Selon les écrits des voyageurs, une espece particuliere de groffes *Baies* de cet *Arbre*, eft employée en *Amérique* à faire

H 3

une

une forte de *Confiture* ou de *Pâte*, agréable au goût, & de l'*Eau de Vie*.

Les *Tartares* en font peu d'ufage, & ignorent d'où cet *Arbre* leur a été aporté. Mais c'eft de la *Natolie*, vraifemblablement; car il croît dans plufieurs endroits de l'*Afie*; & en *Perfe* en grande quantité même, & où on l'appelle également *Palmier Sauvage*.

20. Le *Carcaffe* des Tartares, Micocoulier (*Celtus Orientalis*, de Tournefort.)

Les *Tartares* appellent de ce nom une certaine forte de *Bayes* d'un *Arbre*, qui par leur goût méritent peu d'attention, mais qui par leur rareté exigent d'être obfervées.

Elles croiffent en quantité dans les *Jardins* entre *Balouclava* & *Yalta*, ainfi que dans leurs *Montagnes* de *Roche* & fur quelques *Pics* des environs de *Soudak*, mais dans l'état fauvage.

Leur *Arbre* eft de la hauteur d'un *Orme*, & fort branchu vers le fommet. Ses petites *Feuilles* font ovales, pointues vers le bout, & dentelées aux bords. Elles font très roides & raboteufes, d'un vertfoncé en deffus, & d'un vert pâle en deffous;

fous;

fous ; en bas, vers la *Tige* elles ont des bords inégaux.

Leurs *Fleurs* n'ont aucune beauté: elles font petites & cachées parmi les *Queues* des *Feuilles.*

Les *Baies* pendent à de longues *Queues* reſſemblant un peu à la *Ceriſe*, & renferment une *graine* dure. Elles commencent par être jaunes & deviennent enſuite rouſſes. Elles font douces au goût, mais ayant quelque choſe d'âcre.

Elles mûriſſent en Octobre, & là où il s'en trouve ſuffiſamment, les *Tartares* les mangent.

Au reſte cet *Arbre* apartient auſſi uniquement aux *Climats* chauds, & *Tournefort* dit dans ſes voyages qu'il s'en trouve en *Natolie.*

On a deux eſpeces particulieres de cette forte de fruit dans la partie méridionale de l'*Europe*, dont l'un eſt noir, & l'autre rougeâtre. Quant aux propriétés medécinales de ces *Baies*, on leur en attribue, ainſi qu'à leurs *Feuilles*, une aſtringente.

21. Le Neflier (*Mespilus Pyrocantha* de Linné.)

Il ſe trouve dans presque tous les *Jardins*;

& dans l'*Isle* de *Taman*, en grande quantité même. On en a auffi dans le fauvage
dans les bois des environs de *Yalta* & de
Lambat. Le *fruit* eft de la groffeur d'une
Noix & mûrit après tous les autres, dans
l'arriere faifon de l'Automne. Il eft d'un
goût médiocre, & demande d'être gardé
quelque tems avant d'être mangé, fans
quoi il eft trop dur & trop aigre. Mais
on pourroit le rendre encore meilleur, en
greffant les *Arbres*, ainfi qu'on en agit
dans les autres Pays.

22. Grofeiller rouge (*Ribes rubrum*)
Dans les *Jardins* de *Baktfchiffaraï* feuls,
& pas en grande quantité encore.

LES ARBRES SERVANT A L'EM-BELLISSEMENT DES JARDINS.

1°. Peuplier d'Italie (*Populus nigra*. Var)
Cette excellente efpece de *Peuplier*, fe
diftingue par fon élevation de tous les autres
Arbres fervant à l'embelliffement; fe trouve dans presque tous les jardins, & contribue beaucoup à leur ornement. C'eft

un

un *Arbre* droit, très haut, & qui éleve sa cime au dessus de tous ceux qui l'entourent ; car il n'est pas rare d'en voir qui ont 10. *Sajenes* , & davantage , de hauteur : ses *branches* & ses *tiges* nombreuses se dirigeant toujours vers le haut, lui donnent l'air d'une piramide. (De loin, il ressemble à un *Cyprès ;* de là différens Voyageurs dans la *Tauride* l'ont pris pour le Cyprès.) Il devient aussi très gros, & dans les *Jardins* de *Soudak* ainsi que dans d'autres endroits, il s'en trouve qui, vers la *Racine*, ont près de 4 *Archines* de circonférence. Ses *Feuilles* ressemblent à celles des *Peupliers* communs; elles sont seulement un peu plus petites, pointues, & d'une couleur plus foncée.

Il est tout aussi propre à être propagé que le *Peuplier* commun; puisqu'on peut le multiplier en plantant seulement des verges ou des pieux, comme on fait avec les *Saules.* D'ailleurs il a une croissance si prompte, qu'aucun autre *Arbre* ne sauroit l'égaler, & suivant le témoignage des écrivains, il acquiert toute sa perfection en 12 ans.

H 5   Quant

Quant à ſes proprièrés, il eſt beaucoup plus dur & plus ſolide que le *Peuplier* ordinaire, & à cauſe de l'égalité de ſa venue, il eſt propre à toutes ſortes d'ouvrages & aux bâtimens, ainſi qu'à être ſcié en planches. D'où il reſulte, qu'indépendamment de ſon bel aſpect, il peut encore raporter d'autres utilités. il mérite par conſéquent, qu'on en peuple tous les lieux qui manquen de *bois*. Les lieux bas, un ſol humide, favoriſent le plus ſa croiſſance; & comme les parties de la *Tauride* dépourvues de *Bois* ne manquent pas de pareils lieux, on ne ſauroit choiſir un meilleur *Arbre* que celui-ci pour en former des *Foréts*. Dans toute la Partie méridionale de la *Ruſſie* même, où le *Climat* & le *Sol* lui ſont convenables, il réuſſiroit auſſi parfaitement. En *Italie*, il eſt déjà regardé comme très utile, & on l'a multiplié en quantité, ainſi qu'en *France* où on l'apelle *Peuplier de Lombardie*

2. Peuplier ordinaire, ou Peuplier. (*Populus nigra.*)

Il ſe trouve dans la plûpart des *Jardins* qui ſont le long des grands *Ruiſſeaux* & aux bords desquels il croît ſpontanément. Et quoi-

quoique les *Botanistes* croient que le précédent n'est que la souche de celui-ci, il est
cependant extrêmement rare que celui-là
croisse quelque part dans le sauvage.

3. Peuplier blanc. (*Populus alba*, de Linné.)

Avec le précédent dans les *Jardins*, & le
long des bords des rivieres & des ru'sseaux.
Sa feuille, d'un vert-foncé en dessus &
blanche comme la neige en dessous, donne
un agréable aspect à l'arbre.

4. L'Orme. (*Ulmus Campestris*, de Lin.)

Il se trouve en quantité dans tous les
Jardins, & planté autour des enclos. Il en
vient aussi dans le sauvage, vers le haut
de *Salghire*.

5. Frêne. (*Fraxinus excelsior*, de Lin.)

Il se rencontre le plus dans les *Jardins* le
long d'*Alma*, de *Catscha*, de *Cabartha*, &
dans les lieux maritimes entre *Balouclava*
& *Aloufchta* où il s'en trouve aussi suffisamment dans le sauvage.

6. Saule de Babylone (*Salix Babylonica*, de
Lin.)

Cette espece particuliere de *Saule* se trouve
mais rarement, dans les *Jardins* aux environs de *Baktschiffaraï*, de *Soudik* & le long
de *Catscha*; car elle n'est propre qu'aux

contrées

contrées *Afiatiques* d'où probablement elle a été aportée. Sa maniere étrange de croître, la diftingue de toutes les autres efpeces. Sa hauteur eft çomme celle des *Saules* ordinaires; mais fes branches font fi minces & fi pliantes, que ne pouvant s'élever elles pendent toutes jusqu'en terre, ce qui donne un air tout particulier à cet *Arbre*.

Sa feuille eft oblongue, dentelée, étroite, vert-clair avec une tôte blanche transverfale. On peut le multiplier comme les autres efpeces de *Saules*; & c'eft ce qu'il mérice décidément à caufe de fa rareté: d'ailleurs; mêlé parmi les autres *Arbres* il ne contribue pas peu à l'embelliffement des *Jardins*.

7. Térébinthe, ou Piftachier fauvage (*Piftacia Terebinthus.*)

Un des plus beaux *Arbres* de la *Tauride*, & qui croît dans les *Jardins* aux environs de *Soudak*, d'*Ouskuth*, le long d'*Alma*, de *Cabartha* & dans d'autres endroits de la côte méridionale de la Mer Noire; & dans le fauvage, aux environs du *Port de Sevastopolsk*, de *Balouclava* & dans les *Montagnes* Maritimes. Indépendamment de fon afpect agréable; il a encore d'autres propriétés

priétés utiles , mais inconnues aux habitans ; auſſi en font - ils ſi peu de cas, qu'ils
ne le conſiderent qu'à l'égal des autres
Arbres des *Forêts.*

Il égale les plus grands *Pruniers* en hauteur, & a quelquefois près de $\frac{1}{2}$ *Archine* de
diametre. Il eſt touffu & branchu vers le
ſommet, couvert d'une écorce gerſée d'un
vert clair , & ſon intérieur eſt blanc réſineux , d'une très dure conſiſtance. Ses
feuilles par paires ſur de longues *Queües*
rougeâtres aplaties par deſſus, ſont termi-
nées par une petite foliole. Elles ſont
longues, élargies au milieu , d'un vert foncé
luiſant & ſuffiſamment fermes & épaiſſes.
Ses *Fleurs* naiſſent au commencement de
Mai, avant les *Feuilles,* entaſſées en gros
bouquets; mais par elles mêmes , elles ſont
petites , jaunâtres , & guere jolies. Les
Pouſſes mâles & femelles naiſſent ſur différens *Arbres*; mais il n'y a que les dernieres
qui portent fruit, conſiſtant en de petites
Noiſettes de la groſſeur d'un *Pois*, reſſemblant à des *Bayes;* elles ſont couvertes d'une
peau fine, rougeâtre tirant ſur le jaune au
commencement, mais qui devient à la fin
bleue & aigrelette. chaque *Noiſette* renferme

ferme un *Noyau* blanc, dont le goût res-
femble à celui des *Piftaches*. A la fin de
juillet tout l'*Arbre* fe remplit d'une *Matiere
réfineuſe* liquide, qui par fon odeur agréable, reſſemble au *Beaume de la Mecque* ; &
c'eſt dans les *tiges* des bouquets portant
fruits, qu'elle fe manifeſte le plus. En caſ-
fant celles-ci, la *Réfine* découle par goutes
blanchâtres. Les *Noiſettes* en font auſſi
abondamment pourvues. Dans ce même
tems, il fe forme aux bords & au bout des
Feuilles de quelques *Arbres*, de petites veſ-
fies rouges, occaſionnées par la piquure de
quelques *Inſectes*, & qui renferment également une réfine viſqueuſe.

Les *Apothicaires* appellent cettè *Matiere
réfineuſe*, *Térébenthine de Chypre* (*Tere-
benthina Cypria*) d'où lui eſt venu le même
nom dans les langues étrangéres. On l'a-
porte en *Europe* de l'*Isle de Scio*, mais en
fi petite quantité, qu'elles reſte rare partout, ou bien elle eſt falſifiée par le mêlange avec celle dè *Venife* qui découle des
Méléſes.

A l'égard de fes propriétés médicinales,
elles eſt comptée, au nombre des meilleurs
Beaumes, & peut être employée dans plufieurs

sieurs cas avec succès à la place du *Beaume de la Mecque.*

Quant à la maniere de la cueillir; elle ne demande pas, suivant les écrits, beaucoup d'adresse & de peine. Les habitans de *Scio* font des incisions avec une hache dans les troncs des arbres, depuis la racine jusqu'à ses branches, & la *Térébenthine* en découle elle même sur des pierres placées à l'entour, de dessus des quelles on la ramasse avec de petits bâtons qu'ils laissent égouter dans des vases; & cette récolte dure depuis Aout jusqu'en Octobre. On cueille aussi dans cette *Isle* ses *Noisettes,* qu'on mange comme les *Pistaches* & qu'on marine pour en faire le commerce à *Constantinople.*

Tous les écrivains assurent qu'en greffant sur cet *Arbre* le véritable *Pistachiér,* dont il est congénere, il en devient d'une beauté distinguée, & fournit d'ailleurs plus de *Térébenthine.*

Ainsi, considérant toutes ses utilités, il mérite d'être multiplié en quantité. Et comme il s'en trouve déjà suffisamment dans les *Jardins* & dans d'autres endroits de la contrée de la *Tauride,* il ne s'agit dans le premier moment, que de transplanter tous ces

Arbres

Arbres dans le même endroit, pour être plus aifément multipliés & pour la recolte de la *Térébenthine*, qui avec le tems pourr, devenir du nombre des plus utiles productions de la *Tauride*, au furplus on pourroit auffi fe procurer, par le moven ci-deffus indiqué, les véritables *Piftaches*, en faifant venir quelques-uns de leurs A bres de la *Turquie*, pour la *greffe*. La grande conformité d'ailleurs de la *Térében hine* avec l'*Arbre* qui fournit le *Beaume*, & qui apartient également au genre des *Piftachiers*, rend vraifemblable la poffibilité de multiplier auffi cet utile *Végétal* dans les contrées de la *Tauride*.

8. Le Laurier. (*Laurus nobilis*, de Linné.)

Il croît fpontanément en affez grande quantité, autour des *Jardins* près des villages maritimes d'*Aloupka* & de *Moutskor*. Il eft de la même efpece que celui des parties méridionales de l'*Europe*, forme ici d'affez grands *Arbuftes*, & fans égard au terrein pierreux, où il croît fans aucun foin, il porte annuellement des fruits.

Les *Tartares* n'en font aucun ufage, & n'en prennent nul foin; de là vient qu'ils n'ont pas fongé jufqu'à préfent à le multi-

plier

plier & à le tranfplanter ; ils n'en auroient cependant pas peu embelli leurs *Jardins* ; car cet *Arbre* conferve fa verdure toute l'année, & fes *feuilles* fraiches font très agréables à la vue.   Indépendamment de l'emploi de ces *feuilles* dans la cuifine, elles ont encore, ainfi que le fruit, une propriété médicinale : les apothicaires les employent à faire ce qu'ils appellent *Huile en Féres*

LES FLEURS DES JARDINS.

Toutes les *Fleurs* des *Jardins* de la *Tauride* font des efpeces communes de l'*Europe* ; par conféquent elles n'exigent pas des defcriptions : il fuffit d'en indiquer les différens genres, & les lieux où il s'en trouve le plus.

1. Lilas. (*Syringa vulg.*)
Leurs grands *Buiffons* embelliffent les jar-dins des environs de l'*Ancien Crime*, de l'*Alma*, de *Koslow* & du *Taman*.

2. Le Rofier (*Rofa gallica.*) blanc & rouge.
Il fe trouve en fuffifante quantité & en fleurs doubles, dans les *Jardins* aux envi-

rons de l'*Ancien Crime*, de *Baktfchiffaraï* de *Jenicalé* & du *Taman*.

3. Rofe jaune (*Rofa eglanteria*, de Linné.)
Elle eft rare, & en *Fleurs* fimples, dans les *Jardins* autour du village de *Bakfane*, fur la riviere de *Bouriultfch*.

4. Jasmin blanc. (*Jasminum Officin.*)
Dans les *Jardins* de *Baktfchiffaraï* feuls, & pas en quantité.

5. Bafilic. (*Ocymum bafilicum*, de Linné.)
Dans les *Jardins* des environs de *Baktfchiffaraï*, de *Balouclava* & dans d'autres maritimes.

6. Oeillet d'Inde. (*Tagetes patula.*)
Aux environs de *Baktfchiffaraï*, de *Balouclava*, & dans d'autres *Jardins* en quantité.

7. Souci. (*Calendula officin.* de Lin.)
Dans les mêmes *Jardins*, & dans les lieux maritimes.

8. (*Phafeflus Coccineus*, de Lin.)
Dans les *Jardins* autour de *Baktfchiffaraï*.

9. Amaranthe, ou fleur de jaloufie. (*Amaranthus Cauda tus.*)
Dans les *Jardins* autour de *Balouclava*

10. (Con

10. (*Convolvulus purpureus.*)

Dans les *Jardins* à l'embouchure de *Boulghanak.*

11. Fleur de foleil. (*Helianthus annuus.*)

Dans les mêmes *Jardins*, & ailleurs.

12. (*Dianthus Carthufianorum*, de Lin.)

Dans les jardins de *Baktfchiffaraï.*

13. Balfamine. (*Impatiens balfamina*, de Lin.)

A *Baktfchiffaraï*, à *Balouclava*, & autres *Jardins* maritimes.

14. Merveille, ou Belle de nuit. (*Mirabilis jalappa*, de Lin.)

Dans les jardins autour de *Balouclava.*

15. (*Lilium candidum*, de Lin.)

Dans les jardins autour de l'*Ancien Crime.*)

16. Morelle à grappes. (*Phytolaca deçandra*, de Lin.)

Cette *Plante* des *Jardins* de *Baktfchis-faraï* eft compteé parmi les rares en *Europe*, & mérite par-là une description détaillée.

Elle eft originaire de l'*Amérique*, & a été introduite dans quelques *Jardins* de l'*Europe* à caufe de fa belle venue, mais elle n'y fupporte pas partout, en plein air, les froids de l'hiver. Sa *Racine* eft très groffe, & dure plufieurs années. Sa *Tige*

eft

eſt haute, groſſe & rougeâtre. Ses *Feuil-les* ſont oblongues, larges, d'un vert-fon-cé ou rougeâtres.

Ses *Fleurs* blanchâtres & petites parois-ſent au bout de la *Tige*, en bouquets re-levés: Elles ſont ſuivies de *Baies* rouges, mûriſſant en Automne, remplies d'un *Suc* épais couleur de *Carmin*, & qui reſſemble à la *Gomme-laque* qu'on aporte des *Indes*, & dont on a donné le nom à la *Plante*. Pluſieurs écrivains aſſurent que ce *Suc* eſt propre à la teinture. Quant à la vertu médicinale de ces *Baies*, elles ſont pur-gatives.

LES LÉGUMES ET LES HERBES POTAGERES.

1. Choux blancs ordinaires.

Il ſe trouvent dans la plupart des *Jardins* ſitués dans la partie Septentrionale des *Montagnes*, & ſe diſtinguent de toutes les *Plantes* potageres des autres lieux, par leur volume; car leurs *Trognons* peſent ſouvent près de 20. livres, & ſont d'ail-leurs très blancs & d'un bon goût.

2. Les

2. Les Carottes.

Dans les *Potagers* des environs de *Bakt-fchiſſaraï*, de *Caraſſou-bazare* & ailleurs. Elles ne different en rien de celles des autres Pays.

3. Les Betteraves rouges & blanches.

Outre les *Betteraves* communes, ils s'en trouve une eſpece particuliere dans les *Potagers* des environs de *Baktfchiſſaraï*; elle eſt d'une grandeur remarquable, & presque toute ronde, comme le *Navet*.

4. Les Raves.

Dans les *Potagers* des environs de *Bakt-fchiſſaraï*, le long de *Cabartha*, & ailleurs. Elles ſont longues & blanches.

5. L'Oignon.

En quantité dans les *Potagers* maritimes, d'où on le transporte dans les autres endroits. Il eſt quelquefois fort gros.

6. L'Ail.

Dans les mêmes endroits, & dans ceux de la partie ſeptentrionale des Montagnes.

7. Les Fêves.

En différens endroits, mais le plus dans les Potagers aux environs de *Baktfchiſſaraï*.

I 3

8. Les Haricots.

Dans les *Potagers* auprès de *Baktfchis-faraï* & le long de *Cabarta* auprès du village de *Divan Koï.*

9. Pois-chiche, ou Pois d'Efpagne.

Ce font les mêmes que ceux de l'*Afie* & des Pays méridionaux de l'*Europe*, & ne different des *Pois* communs que par leur forme anguleufe & par leur groffeur. Leur *Tige* n'a pas plus de $\frac{1}{2}$ archine en hauteur, les *Feuilles* petites, & chaque *Coffe* ne contient que deux *Pois.* C'eft dans les *Potagers* près de *Balouclava* qu'on en feme le plus.

10. Mayenne, ou Melongene. (*Solanum Melongena.*) *Concombre d'Armenie.*

En quantité dans les *Potagers* près de *Baktfchiffaraï* & ailleurs. Elle reffemble en apparence feulement aux concombres; car elle eft d'un rouge violet, & d'un goût tout différent.

Les *Tartares*, ainfi que les autres Nations *Afiatiques*, en font une grande confommation, les préparant de différentes manieres.

11. Les

11. Les Pommes d'amour. (*Solanum lycoper-*
ficum.)

On les feme avec les précédentes, &
on les mange également.

12. Poivre d'Inde. (*Capficum annuum*)

Dans différens *Potagers.* Les *Tartares* les
marinent, & en font ainfi une grande confommation.

13. Les Pommes de Terre (*Helianthus tube-*
rofus.)

Dans un feul *Potager*, du village de
Corbacoule, fitué au pied méridional de
Tfchadir - dagh.

14. Blé de Turquie. (*Zea maïs*, de Linné.)

Dans les Potagers auprès de *Baktfchis-*
faraï, de *Balouclava*, le long de *Cabartha*,
& ailleurs.

15. (*Holcus facharatus*, de Lin.)

On le feme dans les *Potagers* près de
Baktfchiffaraï, & le long de *Cabartha :* aux
environs de *Koslow* aux bords des champs
des *Melons d'Eau;* mais uniquement pour
l'ornement. Il croît fur des groffes *Tiges*
ou *Joncs*, de plus de 4 Archines de hauteur, & fes *Epis* branchus, fe repandent
en haut de tous côtés en forme d'un *Balai.*

I 4

Ses

Ses *Feuilles* reſſemblent en tout à celles des *Joncs*, & ſa *graine* fort groſſe, eſt d'un jauné, tirant ſur le rougeâtre.

En multipliant beaucoup cette *Plante*, on peut ſe promettre de grands avantages ; car elle eſt prodigieuſement fertile, & ſes *Joncs* ſont ſi propres au chauffage, que toute la *Boucharie* n'en connoit pas d'autre, faute de *Bois*. Mais il s'y trouve une autre eſpece, qui produit ſur d'auſſi hautes *Tiges* de grands bouquets contenant de groſſes graines blanches, dont les Habitans font leur nourriture ; & celle-ci mérite le plus d'être cultivée dans le *Pays-plat* de la *Tauride*.

16. Tabac de Virginie.

On le feme dans pluſieurs *Potagers*, & ſurtout aux environs d'*Aloufchta* & autres endroits maritimes.

17. Le Lin.

Aux environs d'*Aloufchta*, d'*Ouskuth* & d'autres lieux, le long de la Côte.

18. Le Chanvre.

Dans les mêmes *Potagers*, mais pas en quantité.

19. Les Concombres.

Dans la plupart des *Potagers*.

20. Les

20. Les Concombres longs de Turquie.

Aux environs de *Baktfchiffaraï* & ailleurs, en quantité.

21. Les Citrouilles jaunes.

Presque partout.

22. Citrouille, furnommée *Coubanka*.

Elle eft oblongue, rétrécie par le milieu, jaune en dehors, & rouge tirant fur le jaune en dedans; à caufe de fon extrême douceur & de l'excellence de fon goût, c'eft la meilleure de toutes les efpeces pour la cuiffon.

En *Europe* elle eft connue fous le nom de *Citrouille* de *Surinam*, & à *Aftracan* on l'a furnommée *Coubanka*, parceque fes graines y ont été aportées de *Cuban*.

On en féme en quantité dans les jardins maritimes & furtout entre *Aloufchta* & *Soudak:* elle mûrit après toutes les autres

23. Citrouilles en forme de bouteilles, ou à longs-cols.

Dans les *Potagers* autour de *Baktfchiffaraï*, & dans ceux du voifinage de la *Mer.*

24. Citrouilles longues, reffemblantes aux faucilles.

I 5

Dans

Dans la plupart des *Potagers*. Les *Tartares* en font une grande confommation, & les apprêtent de différentes fortes ; mais le plus, en les farciffant de viandes, dont ils font ce qu'ils nomment *Dolma*.

25. Les Melons.

On les feme dans les *Jardins* & dans les *Champs*. L'efpece qui y mûrit la premiere, eft ronde, plate, jaune en dedans & d'un goût très agréable. Elle eft fuivie par la grande efpece, oblongue, jaune, en dedans blanche ou verte, & qui eft du même genre que celle qu'on nomme à *Aftracan*, *Melon de Boucharie*, qu'elle égale pour le goût. La troifieme efpece eft auffi ronde, ayant la chair rouge, & le dehors comme couvert d'un filet ; mais dont le goût eft médiocre.

26. Melons d'eau, rouges & blancs.

On les feme auffi dans les *Jardins* & dans les champs ; en général ils ne font pas grands, & d'une bonté médiocre ; ce qui vient en partie de la nature du *Sol*, qui n'eft point mêlangé de *Sable*, néceffaire à la bonne production de cette *plante*, & en partie peut-être, de ce que les *Tartares* n'ont n'ont pas eu foin d'en avoir de la bonne graine des autres Pays.

Les *Melons* de *Taman* font préférables à toutes les autres de la *Tauride*.

LES BLEDS.

1. Le Seigle.

On le feme au Printems & en Automne, dans les *Plaines* qui s'étendent de *Perecope* à *Salghire*, dans la *Presqu'ile de Kertfch*, & dans quelques endroits de la *Partie montueuse*.

2. Le Froment.

On en feme pour la plupart au Printems, & partout en bien plus grande abondance, que des autres *Bleds*; furtout dans le Cercle de *Koslow* & à la *Pointe de Tarchan*.

Il fe diftingue des *Fromens* des autres Pays par la groffeur de fon grain. Sa farine convenablement preparée, eft d'une très grande bonté & blancheur.

3. L'Orge.

On en feme auffi en quantité dans différens endroits; mais il ne fert, pour la plupart, que de nourriture aux chevaux.

4. L'Avoi-

4. L'Avoine.

On en feme en petite quantité, & dans les endroits feulement où le *Terrein* lui eft convenable; mais c'eft dans l'*Isle de Taman* qu'il réuffiffoit le mieux ci-devant.

5. Le Millet.

A gros grains, rouge & jaune. On le feme dans plufieurs endroits en abondance.

Cette efpece de *Bled*, la plus productive de toutes, n'eft pas uniforme partout.

Dans les terreins les plus fertiles, comme dans le diftrict de *Kertfch*, & vers le bas du *Salghire* à l'embouchure du *Grand-Caraffou*, il n'eft pas rare de voir le *Froment* donner 30 pour 1.; dans d'autres, 10. & 20. Mais le *Millet* produit ordinairement 150.

Les Forêts.

L'étendue que les *Bois* en général occupent dans la *Partie montueufe*, forme environ 150. *Verftes* en longueur; mais on ne fauroit en déterminer au jufte la largeur, parce qu'il fe trouve entre les *Montagnes* boifées des efpaces vuides : Cependant dans plufieurs endroits ils s'éten-

s'étendent au travers des *Chaînes des Montagnes*
à plus de 10 Verftes.

Leurs *Arbres* ne font pas d'une taille uniforme partout: Elle dépend du fond du terrein,
plus ou moins propre à y contribuer. Dans
toutes les *Montagnes de devant* & *centrales*,
ils ne font ni auffi hauts ni auffi gros en général, que dans celles qui font vers la *Mer*, &
particuliérement dans les *gorges* profondes aux
environs des *Montagnes maritimes*; ce qui provient pour la plupart de ce que les *Montagnes*
les plus proches du *Nord* ne font couvertes que
d'une couche mince de *Terre*, au deffous de laquelle fe trouve une *Pierre* compacte; par conféquent les racines des arbres ne fauroient y
pénétrer bien profondement, & par-là leur
croiffance eft retenue. Mais dans les *gorges*
entre les *Montagnes méridionales*, ces couches
de terre font fuffifamment épaiffes; de plus
l'eau qui y descend des hauteurs, ajoute encore à cette épaiffeur le *Terreau* qu'elle y aporte. D'ailleurs ces endroits ont en eux mêmes
plus d'humidité que les cimes découvertes des
Montagnes de devant, qui contribue auffi entre
autres, à la belle venue des *Arbres*.

Les principaux endroits cù il croît le plus de
grands *Arbres*, font entre *Balouclava* & *Yalta*
fur

fur la côte *Septentrionale* des *Montagnes mari-*
times, ainſi qn'autour du pied de *Tſchadir - dagh*,
dans le canton d'*Alouſchta* , & dans les profondes ravines entre les *Montagnes* qui ſe dirigent vers *Ouskuth*. De plus les *Eſcarpemens*
de Roche du Cercle de *Yalta* , & par de-là,
produiſent vers la *Mer* une eſpece particuliere
de *Bois* qui mérite d'être nommé de *Haute-*
futaye.

Mais dans les autres endroits tous les *Arbres*
des *Foréts* ne parviennent qu'à une hauteur
médiocre, ou ne croiſſent qu'en *Buiſſons*; ce
qui provient, indépendamment encore des obſtacles relatifs au fond du terrein ci - deſſus indiqués, de leur croiſſance trop touffue, qui
les empêche de s'élever davantage: d'où il reſulte que le meilleur moyen qu'on pût employer
pour leur multiplication & leur correction,
ſeroit d'en tranſporter une partie dans les lieux
qui en manquent.

Les différentes eſpeces d'*Arbres* & de *Buis-*
ſons, qui forment les *Foréts* de la *Tauride*, renferment différentes utilités ; car indépendamment de ceux qui ſont propres aux bâtimens
& à d'autres ouvrages, il s'en trouve encore
de *Fruitiers* & d'autres ſervant d'embelliſſement
aux *Jardins*, parmi lesquels quelques uns mé-

ritent

ritent d'être introduits dans les Jardins. Il s'en rencontre auffi qui pourroient être propres aux ufages de l'Economie & de la Médecine. Nous allons en rendre compte ici, & indiquer le lieu natal de chacun d'eux.

ARBRES FORESTIERS ET BUISSONS.

1. Le chêne. (*Quercus robur.* de Linné.)

Il croît en *Buiffons* dans toutes les *Montagnes boifées*, & en quantité; mais vers le haut de *Salghire*, ainfi qu'entre *Balouclava* & *Aloufchta*, il eft de *Haute-futaye*.

2. Le Chêne roure. (*Quercus cerris*, de Linné.)

En quantité remarquable fur les *Montagnes* entre *Baktfchiffaraï* & *Inkermane*, & dans les lieux maritimes où il parvient à une affez grande élevation. C'eft la même efpece qui produit ce qu'on nomme en *Afie* les *Noix d'encre.* (a) Il differe du *Chêne* commun en ce que fes *Feuilles* font beaucoup plus étroites, & comme couvertes de *duvet.*

3. Le

(a) Les *Noix de gale* apparemment.

3. Le Hêtre. (*Fagus Sylvatica*, de Lin.)

Il forme, en plus grande partie, le *Bois* de haute futaye de la partie *Septentrionale* des *Montagnes* maritimes, mais fes plus grands *Arbres*, dont quelques uns ont plus d'un *archine* de diametre, font fur le pied *méridional* du *Tfchadir-dagh* & entre *Balouc-lava* & *Aloufchta*. Sur les cimes de quelques *Montagnes centrales*, il eft d'une grandeur médiocre.

L'utilité de cet *Arbre* eft trop connue; & il mérite préférablement aux autres, d'être cultivé & multiplié par des *glands* dans des endroits qui y feroient convenables. Mais indépendamment de fes différentes utilités, on tire dans d'autres pays, une *Huile* de fes *glands* qu'on affure reffembler par fa douceur & par fon goût à celle des *Noix*.

4. Charme. (*Carpinus betulus*.)

Dans toutes les *Foréts* en quantité. Dans les *Montagnes* voifines du *Nord*, & dans plufieurs maritimes, il croît en *Buiffons* médiocres; mais autour du pied de *Tfchadir-dagh* & entre *Balouclava* & *Aloufchta*, ainfi que fur les Montagnes vers les *Sources* du *Salghire*, il s'en rencontre de la grande tail-le;

le; & on peut le compter, ainſi que le *Hêtre* commun, pour une des grandes eſpeces d'*Arbres* des *Forêts* de la *Tauride*.

Son tronc eſt blanc & ſolide: il embellit les *Jardins* en *France*, & dans quelques pays il eſt employé en *allées* & en *Charmilles*.

5. Petit Erable des Bois (*Acer Campeſtris*, de Linné.)

Il ſe diſtingue de l'*Erable* commun par la petiteſſe de ſes *Feuilles*, qui ſont découpées, mais point dentelées. Il croît parmi les autres *Arbres* dans presque toutes les *Forêts*, & parvient à une ſuffiſante élévation.

6. Tilleul. (*Tilia Europæa*, de Linné.)

Se trouve, mais rarement, dans les *Forêts* aux environs des pieds du *Tſchadir - dagh*, & entre *Balouclava* & *Yalta*, en grands *Arbres*.

7. Tremble. (*Populus tremula*, de Linné.)

En quelques endroits ſeulement, dans les *Bois* en remontant le *Salghire*, aux environs d'*Alouſchta*, & ſurtout aux environs de l'*Ancien Crimé*.

8. Frêne. (*Fraxinus Excelſior & Ormus*, de Lin.)

On en a de deux eſpeces, dans presque toutes les *Forêts*, mais par endroits ſeulement.

K

ment. L'une eſt l'ordinaire, & dont nous avons déjà parlé à l'article des *Jardins*. L'autre croît en *Buiſſons*. Ses Feuilles ſont plus petites que celles de la premiere, & elle croît pour la plûpart ſur les cimes des hautes *Montagnes centrales*. Elle fournit en *Calabre* une *Matiere réſineuſe* douce, nommée *Manne*, par les Apothicaires: (*Manna Calabrina*.)

9. Aune. (*Betula alnus*, de Lin.)

Le long d'*Alma*, dans la partie méridionale des *Montagnes* près d'*Alouſchta*; mais pas en quantité.

10. Pin. (*Pinus pinea*, de Lin.) *Pinus maritima altera*, de Mathiole.

Cette eſpece particuliere de *Pin*, ainſi nommée par quelques *Botaniſtes*, parcequ'elle ſe trouve pour la plupart dans les parties méridionales maritimes de l'*Europe*, croît ici dans presque tous les *Eſcarpemens de Roche* le long de la côte de la *Mer Noire*, & ſurtout aux environs de *Talta*, où toutes les cimes des *Montagnes* ſont couronnées de ſes grands & gros *Arbres*. On en rencontre auſſi ſur les hautes *Montagnes centrales*, aux environs de *Mang*

hout

hout, d'*Inkermane* & auprés de *Baktfchis-faray*, autour du Fort des *Juifs*, nommé *Djou - fout - Kalé*.

Il differe du *Pin* commun, par fon apparence, par fa taille & par d'autres marques.

En apparence, il reffemble plus au *Cédre* qu'au *Pin*, formant un *Arbre* haut, à branches étendues, couvert d'une *Écorce* gris-foncée raboteufe & réfineufe.

Ses jeunes *Branches* font la plupart inclinées, très minces, fouples & liffes; leurs bouts pouffent de longues *Feuilles*, ou aiguilles, fines, par bouquets de 3. ou 4. *Verfchocs* de longueur, vert - foncés. Ces bouquets font toujours au nombre de 2. par nid. Mais les vieilles *Branches* n'ont point d'aiguilles, & font toutes nues.

Leurs *Cônes* portant fruit, font oblongues, pointues, de 2 $\frac{1}{3}$ *Verfchocs* de longueur, couverts d'écailles rougeâtres liffes & fe tiennent ferme à l'extrêmité des *Branches;* mais devenus mûrs, ils prennent une couleur grifâtre.

Les *Pouffes* annuelles font rougeâtres tirant fur le jaune, & l'écaille qui les recouvre, eft aigue au bout.

K 2

Dans

Dans le mois de Juin, l'*Ecorce* manifeste quantité de *Réfine* blanchâtre, qui dans la combuftion, donne une odeur approchante de celle de l'*Encens*. Tout l'*Arbre* même eft extrêmement réfineux, & les *Tartares* de *Yalta* & de *Lambat* en tire une *Réfine* qui leur fert à calfater leurs bateaux.

Au refte le *tronc* de cet *Arbre* eft blanc, & peut être employé à différentes pieces relatives à la conftruction des vaiffeaux; mais dans tous les lieux ci - deffus indiqués, on en rencontre rarement d'une belle venue: la plupart font tortueux & trop noueux, défauts qui leur viennent, probablement, du fond pierreux où ils croiffent.

Les jeunes pins de cette efpece, font d'une belle apparence, & faits pour embellir les *Jardins*. Ceux des *Jardins* de la *France* (*a*) qui donnent les *Pignons* qu'on y mange, approchent beaucoup de cette efpece-ci, & il feroit facile de l'introduire dans les *Jardins* de la *Tauride*.

11. Savine. (*Juniperus Sabina*, de Linné.) *Genevrier du Don*, en Ruffe.

Elle

(*a*) Le *Franc pin*, ou le *Pin piguier*.

Elle diffère de celle qui croît dans les lieux Sablonneux du *Don* & en *Sibérie*, par son élevation supérieure, & se trouve en quantité dans les *Montagnes* le long de toute la côte méridionale de la *Mer*.

Dans la partie de la *Russie* ci-dessus indiquée, & dans d'autres de l'*Europe*, elle croît ordinairement en taillis; mais ici, elle forme des *Arbres*, qui, quoique peu élevés, ont souvent plus d'un ⅓ *Archint* de diametre, & sont d'un très bel aspect, étant couverts en bas d'une *Ecorce* gris-claire, & couronnés de branches touffues: Ses *Feuilles*, menues & ressemblant à celles de la *Térébinthe*, sont d'une verdure agréable.

Leurs *Baies* bleues, qui mûrissent à la fin de l'Eté, contribuent aussi à l'embellir.

Quant à ses autres caractères; elle est blanchâtre en dehors, & d'un rouge-foncé en dedans, ressemblant à l'*If*, surnommé *Arbre incorruptible*. Les planches qu'on en fait sont très propres pour différens ouvrages de menuiserie.

Les apothicaires font provision de ses *Branches* vertes pour en faire une décoction employée dans différentes maladies;

&

& les *Baies* font très bonnes en parfum :
leur odeur eft plus agréable même que celle
du *Genevre* commun.   Dans les mois
chauds de l'Eté, il fe manifefte entre l'*Ar-*
bre & l'*Ecorce*, une *Réfine* pure, transparente, également d'un odeur agréable,
qui reffemble à la *gomme* nommée *Sanda-*
rak; & il eft probable qu'elle peut lui être
fubftituée.

2. Grand Genévrier. (*Juniperus Communis*,
de Linné.)

On en trouve aux environs du *Port de*
Sevaftopolsk, en médiocres buiffons; mais
entre *Balouclava* & *Lambat*, & aux environs de *Soudak*, il croît en *Arbre* d'une
grandeur moyenne & en grande quantité.

Cet *Arbre* eft fort noueux. Coupé ré-
cemment, il préfente une couleur grifâtre,
qui devient enfuite rougeâtre, & d'une
odeur agréable ; à caufe dequoi on l'employe dans les autres pays, à différens
menus ouvrages.

Ses différens emplois en médecine, font
affez connus.

3. L'If. (*Taxus baccata*, de Linné.)

On en rencontre en petite quantité dans
les endroits pierreux fur les cimes des
Montag-

Montagnes centrales, formant des *Arbres* médiocres, fourchus vers le haut, & couverts d'une *Ecorce* liffe, rougeâtre.

Ses *Feuilles* reffemblent à celles des *Sapins*, mais elles n'en ont pas la dureté, elles font aigues au bout, pofées fur de longues tiges en forme de peigne, d'un vert noirâtre & luifant en deffus, & un peu pâles en deffous.

Ses *Baies*, qui mûriffent en Automne, font petites, d'un rouge-foncé, & contiennent un offelet noirâtre, avec un *Noyau* blanc en dedans, qui n'en eft pas entiérement recouvert; il eft même tout à découvert par en haut, ce qui lui donne un air étrange.

Au refte, on fait que cet *Arbre* fert dès les tems les plus reculés, à l'ornement des *Jardins* en *Europe*, par tout où le climat le permet; & que confervant toute l'année fa verdure il peut être taillé de différentes formes.

Son intérieur même l'a fait fuffifamment connoître; car il eft d'une couleur rouge agréable, & propre à différens ouvrages de menuiferie.

K 4

14. Por-

14. Porte-chapeau. (*Rhamnus paliurus.*)

Dans toutes les *Montagnes boisées* en quantité, & en grands & lpetits *Buissons*, dont les premiers égalent les *Noisettiers* sauvages, & font couverts depuis la racine jusqu'au sommet d'aiguilles pointues, en crochet; d'où lui vient son nom.

Ses *Feuilles* font un peu arrondies, très lisses, & d'un vert clair.

Au commencement de l'Eté, il fe couvre de quantité de petites *Fleurs* jaunes, agréables à la vue. Le *Fruit* les fuit, & ressemble en quelque façon à un petit chapeau à bords rabattus, de la grandeur d'un liard, & couvert d'une *Ecorce* dure. Il contient trois graines; & fa ressemblance à un petit chapeau, lui a merité le nom de *Porte-chapeau* en *France*.

On ne fauroit avoir un *Arbre* plus propre à enclorre les *Jardins* que celui-ci; car fes épines & fes aiguilles les rendroient inabordables. Les *Tartares* garniffent leurs enclos de fes branches; mais ils feroient mieux d'en planter des *Buissons* avec les *racines* autour de leurs *Jardins*, çe qui feroit bien plus durable; & comme il s'en

trouve

trouve fuffifamment partout, ils peuvent aifément y être employés.

Il eft à remarquer que cet *Arbre* ne fe trouve que dans les climats chauds, comme en *France*, en *Efpagne*, en *Italie* & en *Afie*, & particulierement aux pieds du *Caucafe*, où il eft même en grande abondance.

15. Sanguin ordinaire des Bois, ou Cornouille femelle (*Cornus Sanguinea.*) .

Parmi les autres *Arbres*, dans quelques endroits des *Foréts*, ainfi qu'aux environs des *Jardins*, en grands *Buiffons*, dont les *Branches* font rougeâtres vers le haut.

Ses *Feuilles* font d'un verd-noirâtre. Dans le mois de Juin, les fommets des *branches* fe couronnent de petites *Fleurs* blanches en bouquets, enfuite de *Baies* noirâtres, d'un goût rebutant: tout l'*Arbre* même exhale une odeur défagréable, & il n'eft propre à aucun ufage particulier, etant du nombre des *Végétaux* les plus communs de l'*Europe*.

16. Fufain. (*Eronymus Europæus*, de Linné.)

Parmi les autres *Arbres* auffi dans les *Foréts* & autour des *Jardins*, en quantité

K 5

fuffifan-

fuffifante & de deux efpeces: l'une à *Feuilles* larges, & l'autre à *Feuilles* étroites & oblongues.

Cet *Arbre* affez connu de tout le monde, exifte dans presque tous les *Jardins* de l'*Europe*.

17. Noifettier. *Corylus avellana*, de Linné.)

Dans tous les *Foréts* des *Montagnes Centrales*, en quantité. Mais les *Tartares* en cueillent rarement le fruit, qui refte pour la plupart fans aucun emploi.

18. Fuftêt. (*Rhus Cotinus*, de Lin.)

Epars dans les forêts, & en plus grand nombre aux environs de l'*ancien Crime*, de *Baktfchiffaray*, & de *Manghout*. Eu égard à fon peu de groffeur & à fa maniere de croître branchue, on pourroit le regarder comme un grand *Buiffon*.

Son *Ecorce* eft gris-claire, liffe; fes *Feuilles* fur des *Queues* rougeâtres, font grandes, en ovale élargi, arrondies vers le bout, & presqu'auffi fermes & compactes que celles du *Laurier*. En Eté elles font d'un vert-clair, & vers l'Automne elles deviennent rougeâtres, & tombent fort tard. Les *Fleurs* font petites & peu agréables; mais de petits bouquets rouges

&

& plumeux, qui sortent en même tems qu'elles aux extremités des branches & qui se mêlent avec elles, donnent beaucoup de beauté à tout l'*Arbre*.

Ses *Baies* sont également petites, d'un rouge-foncé tirant sur le verd. Son *Bois* est jaune-clair, ondé, & rempli en été d'une *Résine* liquide qui a l'odeur de *Fenouil*.

Dans les autres pays on l'employe pour teindre en Orange toutes sortes d'étoffes de laines & autres; mais cette couleur n'est pas durable. Les *Feuilles* sont en usage dans les *Tanneries*; mais les *Tartares* n'employent que ces dernieres pour teindre en jaune leur Maroquin, & appellent *Cokraque*, l'*Arbuste* même.

La couleur jaune, ondée, agréable, de l'intérieur de l'arbre, le rend très propre aux ouvrages de marquetterie.

19. Noir-prun, ou Ner-prun.

Ce *Buisson*, connu en *Russie* & dans les autres pays de l'*Europe*, croît ici en suffisante quantité aux environs des *Jardins* situés le long d'*Alma* & de *Catscha*, & dans d'autres endroits, formant un *Arbuste* de la hauteur presque d'un *Prunier*.

Ses

Ses *Feuilles* font oblongues, dentelées, liffes & luifantes. Les extrêmités de fes *branches* font garnies d'aiguilles aigues. Ses *Baies*, qui mûriffent en Juillet, font noirâtres, de la grandeur d'un *Pois*, & dont la chair eft verte, molle, juteufe, & contient quelques *graines* grifes & lisfes, qui font propres à différens ufages. On le connoit dans la *Pharmacie* fous le nom de *Spina Cervina*, & c'eft le meilleur & le plus fûr des purgatifs. On en prépare auffi, pour la *peinture*, une couleur, connue fous le nom de *Verd de Veffie*; & pour la teinture de différentes étoffes, on peut en faire, en y mêlant d'autres matieres, le vert, le rouge & le jaune.

20. Bourdaine. (*Rhamnus frangula*, de Linné.)

Elle ne différe en rien de celles des autres pays, & croît ici le plus vers les fources de *Salghire.* La vertu médecinale de fon *Ecorce* eft affez connue.

21. (*Agnus Caftus* ou *Vitex agnus Caftus* :) Poivrier fauvage, en *Ruffe*.

Il croit le long de la côte entre *Yalta* & *Aloufchta*. Quoiqu'il n'ait aucune resfemblance avec le *Poivrier*, excepté fon fruit qui a du rapport en apparence & par

fon

son goût âcre avec le *Poivre* ; les jardi-
niers *Russes* lui en ont donné le nom ; &
on l'a introduit dans quelques *Serres* à caufe de la beauté de ses *Fleurs*.

Sa taille est médiocre, & par son crû,
il ressemble à un *Buisson*, étant subdivisé
en plusieurs *Branches* souples dès sa *Racine*.
Il a des *Feuilles* clair-femées profondément découpées, comme celles du *Chanvre*, & blanchâtres de deux côtés. Ses
fleurs, qui paroissent en Juin à l'extré-
mité des *Branches* minces, forment des
bouquets blancs & bleus, & ont une odeur
forte, mais désagréable, qui se remarque
également dans ses feuilles. Son *Fruit*
gris-foncé, ressemble aux grains de *Poivre*, & renferme quelques petites graines
d'un goût extrêmement âcre & amer.

Il étoit ci-devant introduit dans la pharmacie ; mais actuellement on en fait peu
d'usage.

Pour son bel aspect, lors de sa fleurison,
on pourroit l'employer comme un ornement dans les *Jardins*. Il croît spontané-
ment en *Italie* & dans d'autres climats
chauds.

22. Ba-

22. Baguenaudier. (*Colutea Arborescens.*)

Sur les *Montagnes d'Inkermane*, de *Sevastopolsk* & dans les *Bois* de *Yalta*.

Cet agréable & très beau *Buisson*, ressemble par ses *Feuilles* & par ses *Fleurs* à l'*Acaccia de Sibérie*; mais ses *Cosses* sont tout à fait différentes : elles sont composées d'une peau fine, blanchâtre, enflées en forme d'une *Vessie*, & renferment de petites graines comme des *Pois*.

Ce *Buisson* a rarement 2. *Archines* de hauteur, & se rencontre pour la plupart en petit *Arbuste* touffu. Dans le mois de Mai il se couvre de grosses *Fleurs* jaunes; ensuite de *Cosses* en forme de vessie, & alors il est singuliérement agréable à la vue, & mérite par là d'être introduit dans les jardins pour leur embellissement.

Du Hamel assure que sa *Feuille* a une vertu purgative, comme la *Folia Sennæ*; mais on ne l'employe guere, parcequ'elle ne produit cet effet que prise en très grande dose.

23. Tamarisc. (*Tamarix Gallica*, de Linné.)

Il croît aux bords de tous les *Ruisseaux* si multipliés dans la partie méridionale des

Montag-

Montagnes, & fe trouve auffi dans d'autres contrées méridionales de la *Ruſſie*.

Ses petites *Feuilles* & fes petites *Pende-loques* rougeâtres qui paroiſſent fur fes fom-mités au commencement de l'Eté, lui don-nent de la beauté. On pourroit en entou-rer les *Etangs* & les endroits humides, dans les *Jardins*, pour leur embelliſſement. Les *Tartares* appellent cet *Arbre*, *Gilg-hine*, & font de fes *branches* fines, des manches à leurs fouets.

24. Saule. (*Salix pentandra.*)

Le long des *Rivieres* & des *Ruiſſeaux*; mais le plus, fur le *grand Indale* & vers le bas d'*Alma*, de *Catſcha* & *Cabarta*.

25. (*Salix Helix.* de Linné.)

Avec les précédens. Ses *Feuilles* font petites, jaunâtres, & il eſt plus petit que le *Saule* ordinaire.

26. (*Salix Capræa.* de Lin.)

Rarement, aux environs des *Ruiſſeaux* dans les bois, & vers le haut de *Salghire*.

27. Sumac, ou vinaigrier. (*Rhus coriaria.*)

En fuffifante quantité dans les *Montag-nes* boifées de *Yalta* & par de-là jusqu'à *Aloufchta*; mais en très petits *Buiſſons*,

dont

dont les *Branches* s'étendent par terre; les plus hauts ne s'élevent pas plus d'un *Archine*.

Ses *Feuilles*, toujours par paire fur des *pédicules* longs, rougeâtres, font oblongues, dentelées, avec un peu de duvet. Au milieu des *Tiges* fupérieures des *Feuilles*, paroiffent dans le mois de Juillet, à l'extrêmité des *Rameaux*, de petits Bouquets de *Fleurs* jaunes tirant fur le blanc, qui deviennent enfuite des *Baies* rouges couvertes de petit duvet, fort aigres, & renfermant une *graine*. Dans les autres contrées méridionales de l'*Europe*, & particuliérement en *Efpagne*, on plante cet *Arbufte* en forme de *Vignes*, dans des *Jardins* féparés, & on le coupe annuellement jusqu'à la racine.

On feche fes *Rameaux*, & on en fait le commerce pour les *Tanneries*. Les nations *Afiatiques* font un grand ufage de fes *Baies*, qu'elles mangent apprêtées de différentes façons. Les apothicaires employent auffi ces *Baies*, ainfi que fes *Feuilles* & fes *Fleurs*.

28. Sureau. (*Sambucus nigra*, de Linné.)

En grande quantité partout dans les

Bois

Bois & autour des *Jardins*, en *Arbres* moyens : les environs de l'*Ancien Crime* en abondent le plus.

29. Obier. (*Viburnum Opulus.*)

En quelques endroits de toutes les forêts.

30. Viorne. (*Viburnum lantana.*)

Sur les *Montagnes*, aux environs de *Baktfchiffaray* & vers le haut de l'*Indale.*

31. Troëne. (*Liguftrum vulgare*, de Linné.)

Cet *Arbufte*, affez connu dans les autres parties de la *Ruffie*, croît ici en quantité dans la plupart des *Montagnes boifées.* Ses bouquets de fleurs blancs qu'il produit dans le mois de Juin, fes *Feuilles* luifantes, & fes *Baies* blanches, le rendent propre à orner les *Jardins.*

32. Aube-épine. (*Crataegus Okyacantha.*)

En quantité dans toutes les *Montagnes* boifées. Il y vient en moyens *Arbres;* au refte il eft fi connu, qu'il n'a pas befoin d'une description particuliere.

33. Pommier fauvage. (*Pyrus malus.*)

En nombre fuffifant dans les forêts, & furtout dans les *Montagnes maritimes.*

34. Poirier fauvage. (*Pyrus communis.*)

L   Dans

Dans toutes les forêts; & en quantité remarquable dans les *Montagnes maritimes.*

35. Poirier à feuilles d'olivier fauvage (*Pyrus Salicifolia*, de Pallas.)

Cette efpece particuliere de *Poires*, croît ici dans toutes les *Montagnes* boifées en grands & petits *Arbres*, & mérite d'autant plus notre attention, qu'elle eft nouvellement découverte, & connue depuis peu aux botaniftes.

Ce nouveau *Végétal* croît le plus dans les parties méridionales d'*Aftracan*, aux environs de la riviere de *Tereka*, (dont on lui avoit donné le nom) & en *Perfe*. On le défigna, comme ci-deffus, à caufe de la fingularité de fes *Feuilles*, qui le font reffembler à un certain *Olivier fauvage.*

Cet *Arbre* eft de la grandeur des *Poitiers* communs des *Jardins*, & fes *Rameaux* font couverts d'aiguilles aigues & longues. Les *Feuilles*, oblongues, étroites, & presque toutes blanches, comme celles du *Salix Capraea* de Linné. Le *Fruit* eft rond, gros & extrêmement juteux; d'ou l'on doit conclure qu'il feroit d'un très agréable goût, fi on le greffoit à des

Arbres

Arbres de Jardins : on en augmenteroit même la groffeur par là, & on en feroit une excellente efpece de *Poires* de *Jardins*. Au furplus cet *Arbre* mérite d'y être introduit, pour fa forme particuliere.

36. Azerolier du Levant. (*Mespilus Orientalis*, de Tournefort. V. *Voyage du Levant*, T. 2. pag. 396. & 397. Lettre XXI. ed. in 8°. de 172..

Ce nom lui a été donné par *Tournefort*, premier Hiftorien de cet *Arbre* découvert en *Natolie.*

Il croît en abondance dans toutes les *Montagnes maritimes*, depuis *Balouclava* jusqu'à *Soudak*, & dans quelques parties des *Montagnes Centrales.* A caufe de fon *Fruit*, il mérite d'être introduit dans les *Jardins.*

Il égale par fa taille les grands *Pruniers*: fes *Rameaux* font très touffus & s'érendent beaucoup en circonférence. L'*Ecorce* du *Tronc* eft grifâtre gercée, & celle des *Branches*, liffes, rougeâtres tirant fur le noir, & préfentant aux bouts des aiguilles aigues. Ses petites *Feuilles* touffues, font difpofées par bouquets fur les *Rameaux*: elles font profondément, découpées aux côtés

& aux bouts, pâles & couvertes de duvet blanc de deux côtés, fur des *Tiges* rougeâtres, ainſi que les veinules de leur partie inférieure.

Le *fruit* forme des baies pentagones aplaties, de la grandeur d'une *Ceriſe*, jaunes au commencement, & rouges à la fin, & préſentent au bout vers le haut, cinq foliſtes pointus. La chair en eſt jaune, d'un aigrelet agréable.

.Elles ſont toujours au nombre de 4. & de 5. enſemble, dont chacune contient 5. petits *oſſelets.* Vu le goût agréable de ce *Fruit*, dans l'état ſauvage, il eſt à eſpérer qu'il le deviendroit davantage, ſi on en tranſplantoit les *Arbres* dans les *Jardins*, & qu'on en greffât ſur des eſpeces qui leur ſont analogues.

37. Prunier de Bois. (*Prunus Sylveſtris*)

Presque dans toutes les *Forêts*, parmi les autres *Arbres.*

38. Cochêne. (*Sorbus aucuparia*, de Linné.)

Le peu qui s'en trouve, croît ſur les plus hautes *Montagnes*, comme le *Tſchadir-dagh*, & quelques autres *maritimes.*

39. Meri-

39. Mérifier à fruit noir. (*Prunus avium.*)

Pour la plupart fur les *Montagnes de Roches*, en grands & moyens *Arbres*.

40. Epine noire. (*Prunus fpinofa.*)

Dans toutes les *Montagnes* en quantité.

41. Epine - vinette. (*Barberis vulgaris*, de Linné.)

En abondance dans les *Montagnes* aux environs d'*Achmetfchet*, de *Baktfchiffaray*, le long d'*Alma* & vers le haut de *Salghire*.

42. Amelanchier. (*Mespilus cotoneaftar.*)

L'*Arbufte* connu fous ce nom en *Siberie*, croît ici fur les cimes des plus hautes *Montagnes*, entre les *Rochers*, & n'a pas un *Archine* d'élevation. Ses *Feuilles* font rondes, menues, laineufes & blanches vers le bas ; & fes *baies* rouges au commencement & enfuite noirâtres, n'ont aucune faveur.

43. Vigne fauvage. (*Vitis vinifera.*)

Partout, entortillant les *Arbres* dans les *Bois* comme dans les *Jardins*.

Ses *Ceps*, de la groffeur fouvent du bras, s'élevent jufqu'aux fommités des plus hauts *Arbres*, & redescendent enfuite jufqu'à terre produifant un très bel effet dans les

L 3

Foréts

Foréts. Son fruit eft petit, mais affez doux dans fa parfaite maturité.

44. Ronce. (*Rubis Fruticofus.*)

Partout en quantité, dans les *Foréts*, comme aux environs des *Jardins*.

Il fe trouve une autre efpece de *Ronce* dans les lieux maritimes, dont le *fruit* eft beaucoup plus doux, plus agréable, & qui fe diftingue même par d'autres qualités. Ses longs *Rameaux* s'étendent de quelques *Sajenes* par terre, ou fe tordent autour des *Arbres*, & font couverts d'une *Ecorce* rouge-foncée, & d'une quantité d'aiguilles crochues. Ses *Feuilles* font d'un vert-foncé en deffus, & blanchâtres en deffous, difposées par 3. & par 5., comme dans les *Ronces* communes.

Les *Fleurs* font pour la plupart rouges, & les *Baies*, ne le font qu'au commencement, & deviennent d'un noir-foncé enfuite. Cette efpece croît auffi en abondance aux environs de la *Mer Cafpienne*, où on l'a nommé *Birufa*.

45. Rofier. (*Rofa Canina*, de Linné.)
Dans toutes les Forêts en quantité.

46. Petit Rofier, à fleurs odoriférantes blanches. (*Rofa fpinofiffima* de Linné.)

Il fe rencontre pour la plupart dans les *Vallons* entre les *Montagnes*, en *Buiſſons*, d'environ un *Archine* de hauteur, & remplis d'aiguilles. Ses *Feuilles* font menues au nombre de 9. fur chaque *Tige*, & fes *Fleurs* ont beaucoup plus de parfum que celles du *Roſier* ordinaire.

47. (*Spiraea crenata*, de Linné.)

Dans les *Montagnes* de l'*Ancien Crime* le plus.

48. Cytife (*Cytiſus nigricans.*)

Ce joli *Arbuſte* fe trouve dans les *Montagnes* boifées de *Baktſchiſſaray*, ainfi que dans les autres parties de la *Ruſſie*, le long du *Don* & de *Volga*.

49. Lierre. (*Hedera Helix*, de Linné.)

Il fe rencontre fouvent dans les grandes *Foréts* maritimes, s'attachant aux *Troncs* des *Arbres* depuis la racine jufqu'à la cime. Comme il conferve toute l'année fes *Feuilles*, il feroit très propre à différents ornemens dans les *Jardins*, & particuliérement à couvrir les murs, &c. aux quels il s'attache de lui-même, & fait un très bel effet.

50. Le gui. (*Viscum album.*)

Il fe rencontre comme dans les autres

pays

pays, fur différens *Arbres* des *Foréts* & des *Jardins*, & furtout proche de la *Mer*. Le *Bois* & les *Feuilles* de ce végétal font un des ingrédiens des apothicaires.

51. Petit Houx, ou Fragon. (*Ruscus aculeatus*)

Ce petit *Arbufte* fe trouve fur les *Montagnes* boifées entre *Balouclava* & *Aloufchta*. Il eft vert toute l'année, & mérite une attention particuliere, à caufe des propriétés médicinales de fa racine.

Il eft connu dans les autres contrées méridionales de l'*Europe*, & ne s'éleve guere au delà d'un *Archine*, fe partageant dès fa racine en plufieurs branches ramifiées.

Sa *Feuille*, ferme & pure, reffemble à celle du *Myrte*, avec des aiguilles aigues aux extrêmités. Son *Fruit* eft rouge & mol.

Sa *racine* eft employée par les apothicaires dans différentes décoctions.

52. Jasmin jaune. (*Jasminum fruticans.*)

En fuffifante quantité dans les *Montagnes Maritimes*; & quoiquefes *Fleurs* n'ayent aucun parfum, ces petits *Arbuftes* peuvent produire un affez joli effet dans les *Jardins*.

53. (*Nitra-*

53. (*Nitraria Scholeri*, de Linné.)

Cet *Arbufte* rampant, croît au bord de la *Mer* près de *Soudak*, dans les terreins falés, comme dans les bas-fonds de *Volga*, où on lui a donné un nom Ruffe analogue à fa nature, qui eft de produire un beau *Fruit* rouge, mais d'un goût désagréable: auffi n'eft-il propre à aucun ufage connu.

54. Le Caprier. (*Capparis Spinofa.*)

Cet *Arbufte* croît fur les *Montagnes ar-gileufes* ftériles de *Soudak*, en grande quan-tité: On en rencontre auffi, mais moins, aux environs d'*Ourfove* & de *Lambat*, dans des terreins analogues aux premiers.

Il rampe pour la plupart, & a de lon-gues *Branches* à *Feuilles* rondes compactes, d'un vert-foncé, dont chaque queue fe trouve accompagnée de deux aiguilles ai-gues en crochets, pofées fur la branche même. Ses *Fleurs* font blanches & fort jolies relativement à leur grandeur. Elles s'ouvrent communément à la fin de Juin. Le *Fruit* les fuit, confiftant en groffes *Baies* oblongues, d'un vert-foncé, dont la chair eft d'un rouge de fang, & qui ren-ferme quantité de petites *graines*. Lorsque ce *fruit* eft parfaitement mûr, il creve,

&

& donne un aspect fort étrange à tout l'*Arbuste.*

Les boutons des fleurs non épanouies, forment ce qu'on nomme les *Capres*, qui font d'autant meilleures, qu'elles font plus petites & plus fermes; ce qui dépend du tems où elles ont été cueillies.

On prepare en *France* ce *Fruit* avant même qu'il foit mûr, comme quelques *boutons des fleurs*, fous la dénomination de *Cornichons de Caprier.*

55. Barbe de Renard. (*Aſtragalus Tragacantha.*)

Sur toutes les *Montagnes maritimes* nues, où le *Sol* n'eſt que d'*Argile* feche; mais le plus dans le canton de *Soudak*, où l'on ne rencontre presque d'autre végétal fur les *Bancs Argileux*, que celui-ci & des *Capriers.*

Par fon extérieur, ce *Végétal* n'a aucune beauté, & paroît n'être qu'une vraie épine inutile; mais fans égard à l'aparence, il a une utilité reconnue, & mérite de l'attention.

Son élevation ne va pas à $\frac{1}{2}$ *Archin*. Sa *racine*, en forme de *Champignon*, d'un doigt de groffeur, s'enfonce profondément dans la terre, & pouffe en dehors quantité

tité de *branches* groſſes, mais courtes, qui ſe répandent de tout côté ſur le *Sol.* Elles ſont diviſées à leurs extrêmités, en petits *Rameaux* velus, s'élevant en haut, & couvertes partout de longues aiguilles, qui ſe tiennent droit, & parmi lesquelles on apperçoit de petits *foliols* blânchâtres, dispoſés par paires ſur de petites *Queues* à aiguilles. Les *Fleurs*, qui paroiſſent auſſi au milieu de ces *Aiguilles*, ſont menues, d'un rouge très pâle, & cachées dans un duvet touffu, ainſi que ſes petites *Coſſes* à ſemences, qui leur ſuccedent, & qui reſſemblent à l'*Aſtragalus piloſus*, de Linné.

Dans le mois de Juin, la *Racine* de cet *Arbuſte* donne d'elle même dans les climats chauds, une *Gomme* liquide, qui ſe coagule en gros filets à l'air, & qui eſt connue ſous le nom de *Gomme Adragante.* Elles eſt employée dans la médecine, dans les fabriques à ſoye, & dans la peinture en miniature. C'eſt l'*Aſie* qui en fournit à l'*Europe.* Mais la quantité de *Buisſons* de cette eſpece qui ſe trouve ici, fait eſpérer qu'avec le tems elle deviendra un produit domeſtique de la *Ruſſie;* car quoique

que leurs *Racines* fourniſſent actuellement
peu de cette liqueur encore, ce défaut
ne provient probablement que de la nature
feche & ſtérile du *Sol* où elles ſe trouvent;
mais en les tranſplantant dans des meilleurs
terreins, on aura ſans contredit davantage de cette *Matiere réſineuſe*; & ſurtout
ſi on a attention de faire des entailles, par
un tems convenable, ſur ces *Racin*s, au
moyen des quelles elle pût découler plus
facilement.

Au reſte on doit faire obſerver, que,
quoique ce *Végétal* ainſi que le *Caprier*,
n'apartiennent pas proprement aux *Plantes
des Foréts*; on a cru pouvoir cependant
les y comprendre, à cauſe de leur venue
en forme de buiſſons.

PLANTES SAUVAGES.

Le nombre de *Plantes* qui croiſſent dans les
contrées de la *Tauride* eſt très conſidérable;
pour les préſenter ici en ordre convenable &
relativement à leurs qualités variées, on doit
les partager en différentes claſſes. En conſé-
quence, la 1. contiendra toutes celles qui, par
la beauté de leurs *Fleurs*, méritent d'être dis-
tinguées des autres.

La

La   2e,   Les Herbes des Paturages.

       3e.   Les Plantes Médicinales.

       4e.   Celles qui font propres à l'Economie.

Et la 5e. Celles qui fervent à la curiofité des Botaniftes.

Mais pour éviter une prolixité inutile, nous ne décrirons que les *Plantes* inconnues ou très peu connues encore, par leur rareté, dans les autres parties de la *Ruffie;* & nous ne parlerons des autres que pour donner une idée de la nature du *Sol* & du *Climat* de la *Tauride* où elles croiffent le mieux, & dans quel tems communément elles fleuriffent.

1°. Les Fleurs Champêtres.

1. Coquelourde. (*Anemone pratenfis*, de Linné.)

Elle fleurit au commencement du Printems dans toutes les *Plaines* entre le *Dnieper* & *Pérécop*, & par de là jufqu'aux montagnes, couvrant cet efpace de fes *Fleurs* toutes blanches, qui entre autres, font employées dans la Pharmacie.

2. (Ado-

2. (*Adonis vernalis*, de L.)

Dans les mêmes endroits & dans les *Val-lées* fituées vers le *Nord.* Il fleurit avec la précédente , & eft également employé dans la Pharmacie.

3. Tulipes fauvages. (*Tulipa Gefneriani.*)

Les rouges & les jaunes fleuriffent en quantité au commencement du Printems dans toutes la *Presqu'ile de Kertfch*, ainfi qu'aux pieds des *Montagnes Septentrionales* près de *Caraffou-bazare*, & dans les plaines entre *Salghir* & *Pérécop.* Leurs *Fleurs* font grandes & belles.

4. Iris. (*Iris Germanica*, de L.)

Il fe rencontre, mais rarement, entre *Pérécop* & *Salghir*; mais aux environs des *Montagnes* on en a abondament. Il fleurit à la fin d'Avril, & fa *Racine* eft employée par les Apothicaires.

5. (*Ornithogalum Pyrenaïcum*, de L.)

Il fleurit au commencement du Printems dans toutes les *Vallées.* Son *Pédicule* couronné de petites *Fleurs* bleues, a près d'un archine d'élévation.

6. (*Ornithogalum Narbonenfe.*)

Dans toutes les *Vallées* en quantité.

7. (Or-

7. (*Ornithog. umbellatum.*)

Il fleurit dans le mois de Mai dans les *Montagnes boifées.* Ses *Fleurs* touffues & blanches, font affez jolies.

8. (*Ornithog. pyramidale*, de L.)

Il fleurit dans le mois de Mai entre le *Dnieper* & *Pérécop*, ainfi qu'à l'endroit où commencent les *Montagnes*, près de *Caras-fou bazare.* Ses *Feuilles*, longues, larges, reffe nblent à celles des *Tulipes*, & fes *Fleurs* petites & blanches, font difpofées en forme d'une Pyramide fur le *Pédicule.*

9. Pivoines. (*Pæonia officinalis.*)

Fleuriffent en Mai dans les *Vallées* & dans les *Montagnes*, en quantité. Leurs grandes *Fleurs* rouges font un bel effet, & leur racine eft employée par les Apothi-caires.

10. (*Pæonia tenuifolia.*)

En tout comme les précédentes, dont elle ne différe que par fes *Feuilles* menues & touffues.

11. Afphodele. (*Afphodelus luteus*, de L.) *Lance-royale*, en Ruffe.

On en a de deux efpeces dans la *Partie montueufe.* L'une, à *Fleurs jaunes*, fe rencontre rarement aux environs des *Mon-*

tagnes

tagnes maritimes. La feconde, bigarée de rayes blanches & vertes, croît en quantité dans presque toutes les *Vallées Septentrionales*, & furtout près d'*Akmetfchet*. Au refte, elles font en tout conformes l'une avec l'autre, & fleuriffent dans le mois de Mai.

Leurs groffes *Tiges* s'élevent d'un archine environ de la *Racine*, & font couvertes jusqu'à-mi hauteur de *Feuilles* touffues, mais très minces. Le refte, jusqu'au fommet, eft garni de deux côtés de *Fleurs*, qui, quoique petites, font affez jolies. Les extrêmités de la *Tige* reffemblent en quelque façon à un *Sceptre* ou à une *Lance*, d'où lui eft venu le nom *Ruffe*.

12. (*Onofma Orientalis.*)

Fleurit dans toutes les *Vallées* & *Montagnes* dans le mois de Mai, en quantité. Toute la *Racine* n'a guere plus d'un *archine* d'élévation. Sés *Feuilles*, difpofées par bouquets autour de la *Racine*, font oblongues, étroites & heriffées de deux côtés; & fes *Fleurs* jaunes, pendent au bout du *Pédicule* en forme de cloches.

13. Muguet, ou Lis des Vallées. (*Convallaria majalis.*)

Dans

Dans quelques endroits des *Foréts maritimes*, & fleurit en Avril.

14. Sceau de Salomon. (*Convallaria polygona-
tum.*)

Fleurit auffi en Avril & en Mai, dans
les *Vallées* & les *Foréts*.

15. Prime-vere. (*Primula veris*, de L)

Fleurit dans les *Foréts* & les *Vallées*, au
commencement du Printems, & fe trouvé
en fuffifante quantité.

16. (*Primula minima.*)

Fleurit dans le mois de Mai fur les cimes de *Tfchadir-dagh*, dans la proximité
de la neige. Elle croît communément fur
les hautes *Montagnes* de l'*Europe*, & ne fe
diftingue de celle de la *Tauride* que par la
petiteffe de fes *Feuilles* & *Fleurs*. Ces
Feuilles font d'un vert-foncé luifant, fur
des *Pédicules* courts, avec une *Fleur* rougeâtre fur chacun.

17. Violette. (*Viola canina*, de L.)

Fleurit à l'ouverture du Printems,
dans les *Montagnes boifées*.

18. (*Viola tricolor.*)

En tout avec la précédente.

19. Fraxinelle. (*Diélamus albus.*)

Cette belle *Plante*, connue auffi dans

M

d'autres

d'autres parties de la *Ruſſie*, fleurit dans
le mois de Mai, dans les *Montagnes boiſées*.

Ses grandes *Feuilles* reſſemblent à celles
des *Frênes*, & lui donnent une air d'*Arbuſte*; ſes groſſes *Fleurs* rouges mêlées de
blanc, qui paroiſſent à l'extremité de ſa
Tige, la rendent très agréable. Elle posſede des propriétés médicinales, & ſa *Racine* eſt déjà depuis longtems employée
dans la Pharmacie. Mais les *Tartares* en
ont une toute autre opinion : ils l'appellent
Mauvaiſe herbe, & par préjugé, en ont
une ſi grande averſion, qu'ils n'oſent la
toucher ſeulement. Son odeur forte, quoique pas abſolument désagréable, en eſt
l'unique cauſe.

20. Jacinthe. (*Hyacinthus non ſcriptus.*)

Fleurit dans les *Forêts* & les *Vallées*, au
mois de Mai; en grande quantité.

21. Herbe aux Viperes. (*Echium vulgare*, de
L.) Le *Fard*, en Ruſſe.

Toutes les *Vallées* & la plus grande partie de la *Presqu'ile de Kertſch* ſont remplies
de *Fleurs* bleues & rouges de cette *Plante*,
dans les mois de Mai & de juin : elle forme
de grands *Buiſſons* touffus en forme d'*Arbuſtes*. On l'a nommée *Fard* en *Ruſſie*,

parce-

parceque fa *Racine* fert effectivement de *Fard* aux villageoifes de quelques Contreés.

22. (*Echium Italicum.*)
Avec la précédente, mais pas en fi grande quantité. Ses *Fleurs* font un peu plus petites, d'un-rouge foncé, & toute l'*Herbe* eft velue.

23. Pied d'Alouette. (*Delphinium Ajacis.*)
Cette *Fleur*, commune à tous les Jardins de l'*Europe*, embellit ici, par une abondance remarquable, toutes les *Parties montueufes* depuis le commencement de Mai jusqu'à juillet, & fait un très bel effet par fes couleurs variées.

24. (*Chelidonium corniculatum.*)
Fleurit en juin dans les vallées, & en quantité aux environs de *Kertfch*. Ses *Fleurs* rouges font mêlées de jaune: après leur chûte, elles font remplacées par des *Coffes* longues, en forme de *Cornes*.

25. (*Chelidonium Glaucium.*)
Ne fe trouve que fur les *Montagnes argileufes* le long de la côte. Ses *Fleurs* jaunes font très jolies. Il fleurit dans le mois de Mai, & fes *Coffes* à femences ne deviennent mûres qu'en Aout.

M 226. *Diant-*

26. (*Dianthus Carthufianorum.*)

Fleurit dans le mois de juin en quantité dans tous les *Champs* de la *Presqu'ile de Kertfch.* C'eft l'efpece cultivée dans tous les Jardins fous la même dénomination.

27. (*Dianthus prolifer.*)

Avec le précédent. Ses *Fleurs* font entourées de grandes *Feuilles.*

28. (*Dianthus barbatus.*)

Fleurit en Juin, dans les *Montagees boifées* de Soudak.

29. (*Dianthus virgineus.*)

Dans les *Montagnes d'Inkerman,* & fleurit en juillet.

30. Alcée. (*Alcea ficifolia.*)

Dans le mois de juin & de juillet, en quantité, dans les *Vallées* & dans toutes les *Plaines* qui s'étendent vers *Pérécop* & *Kertfch.*

31. (*Lavathera Thuringiaca,* de L.)

Avec la précédente, & pour la plupart dans les *Vallées* entre *l'Ancien Crime & Soudak.*

32. Ormine, ou Orvale. (*Salvia horminium.*)

Cette belle efpece de *fauge* qu'on cultive dans les Jardins en *Europe,* croît ici fur les *Montagnes maritimes,* & particuliérerement

rement aux environs de *Soudak*, en suffisante quantité. Elle fleurit en juillet.

Ses grandes *Feuilles*, larges, dentelées,
pendent sur de longues queues. Ses *Fleurs*
sont très grosses & entourées de *Folioles*
roses, un peu rondes & pointues au bout,
qui les embelliffent infiniment. Au refte
ses *Fleurs* & ses *Feuilles* ont une odeur
pénétrante, qui reffemble à celle de la
Mente: ses graines sont employées dans
la Pharmacie contre les Ophtalmies, &
contiennent beaucoup de matiere gluante.

33. Sauge dont les *Feuilles* sont petites & par
paires.

C'eft encore une belle efpece de *Sauge*,
inconnue dans les autres Contrées & indigene dans la *Tauride*.

Elle porte des *Fleurs* en juin dans différentes *Vallées*. Sa *Racine* eft ligneufe &
fort longue. La *Plante* fe partage en plufieurs *Tiges* quarrées, dures & velues, inclinées vers le *Sol* & rougeâtres en des-
fous. Les *Feuilles*, de deux côtés des petites *Queues* courtes, font par paires, très
étroites, menues & velues par en bas.

Les *Fleurs* difpofées aux extrêmités des
Tiges de la *Racine* & qui les entourent

de

de tous côtés, font groffes, & reffemblent par leur intérieur, aux *Fleurs* de la *Sauge* commune. A l'extérieur elles font un peu velues; au refte presque toute blanches; avec des *veinules* rouges. L'odeur de la *Plante* eft la même que celle de la *Sauge* ordinaire.

34. (*Alphea Cannabina.*)

Il croit dans les lieux humides aux environs des Jardins, & fleurit dans les mois de juillet & d'Aout. Ses *Fleurs* rougeâtres font jolies.

35. (*Aconitum Napellus*, de L.)

Fleurit dans les *Montagnes boifées* de *Soudak* en juin, & entre dans la provifion des Apothicaires.

36. Orobe des Pyrénées (*Orobus Pyrenaicus.*)

Fleurit dans les mois de Mai & de juin fur les plus hautes *Montagnes boifées*, & produit un agréable effet par fes groffes *Fleurs* jaunes.

37. (*Hedyfacum fruticofum.*)

Cette *Plante*, connue également dans les autres parties *méridionales* de la *Ruffie*, fe trouve le plus aux environs des *Montagnes Craieufes*, le long d'*Indale* & près de *Caraffou-bazare*. Elle forme un *Buiffon*

médio.

médiocre, d'un *Archine* d'élévation, dont les *Tiges* fourchues fe répandent fur le *Sol*; la *Plante* fleurit en juillet.

Ses *Tiges* & fes *Feuilles* font velues & blanches, & fes groffes *Fleurs* jaunâtres, bigarées de veines rouges, qui paroiffent aux bouts de fes *Branches* & qui reffem- blent à celles des *Pois*, font infiniment jolies. Ces *Fleurs* font en fi grand nom- bre, que toutes les *Tiges* en font garnies. Les *Coffes* qui leur fuccedent, font un peu rondes, plates & couvertes d'*Epines* au milieu.

38. (*Affer Alpinus*.)

Fleurit en Aout fur les cimes des hau- tes *Montagnes maritimes*.

39. (*Affer Tripolium*.)

Dans les *Montagnes* de *Yalta*.

40. (*Anthemis tinctoria*.)

En juin, dans toutes les *Vallées* & dans la *Presqu'ile*, en quantité.

41. (*Meliffa Calamintha*, de L.)

Dans les *Montagnes maritimes* & près d'*Inkerman*, & fleurit en juillet. Ses *Ti- ges* rampantes ont plus d'un ½ *Archine* d'étendue; fes *Feuilles* font menues, ar- rondies; & fes *Fleurs*, affez groffes, rou-

M 4

ges

ges & odorantes. Auprès d'*Inkerman* on
en rencontre aussi à *Fleurs* blanches & à
Tiges velues.

42. *Xeranthemum annuum*, (*Fleur seche annu-
elle*, en Russe.)

Dans toutes les *Vallées* & *Montagnes
maritimes* en quantité, & fleurit en juin.
Elle a reçu son nom *Russe* à cause de la sin-
gularité de ses *Fleurs* rouges, qui sont formées de *Folioles* seches & luisantes comme
la *Paille;* aussi conservent elles leur couleur & ne changent en rien en se séchant.

Les *Tartares* l'appellent *Sipireci*, & en
employent les *Tiges* en *Balais* pour ba-
layer leurs apartemens ; ils en aportent des
chariots pleins dans les villes, & en font
une branche de commerce.

43. (*Digitalis purpurea*, de L.)

Fleurissent vers l'Automne sur les cimes
des *Montagnes maritimes*, & sont comptées au nombre des Fleurs communes des
Jardins.

44. Colchique. (*Colchicum autumnale*.) *Fleur
hors de saison*, en Russe.

Il paroît à la fin d'Aout dans les *Foréts
maritimes*, & le plus, dans le voisinage de
Balouclava.

Cette

Cette *Fleur* eſt regardée comme l'avant coureur de l'Automne, par cequ'elle ne fleurit qu'à ſon aproche; d'où lui vient le nom de *Hors de ſaiſon* en *Ruſſe*. Elle eſt comptée au nombre des *Plantes* à *Oignons*, reſſemble à une *Tulipe*, & ſa couleur eſt d'un rougeâtre pâle. Sa *Racine* ou l'*Oignon*, eſt employée dans la Pharmacie.

145. S'afran (*Crocus Sativus*, de L.)

Croît en abondance extraordinaire ſur toutes les *Montagnes* depuis l'*Ancien Crime* jusqu'à *Balouclava*, & dans leurs *Vallées*. Il fleurit dès la fin de Septembre pendant tout l'Octobre, couvrant de grands eſpaces par ſes *Fleurs* bleues, qui ne différent des cultivées que par ces parties internes qui forment ce qu'on appelle proprement *Safran*: elles ſont beaucoup plus petites, & n'ont pas autant d'amertume. Mais vu ſes autres perfections, il paroît indubitable qu'on pourroit le rendre parfait en tout, en tranſplantant ſes *Oignons* dans les endroits convenablement préparés. Et comme il y en a ici une quantité innombrable, rien n'empêche que le *Safran* ne ſoit multiplié dans toute la *Tauride* & n'y devienne avec le tems un objet très intéreſſant pour l'agriculture. M 5   Mais

Mais indépendamment de cette utilité, les *Fleurs* du *Safran*, par leur belle apparence, fervent encore à orner les *Parterres* Elle font de la hauteur des moyennes *Tulipes*, & les *Folioles* bleues avec des *veinules* rouges dont elles font compofées, font très jolies; de même que les petites *Epines* jaunes & rougeâtres au milieu de leur intérieur. D'ailleurs elles paroiffent dans un tems où nul *Végétal* n'a encore de *Fleurs*, & n'en font que plus agréables par là.

Les *Feuilles* ne paroiffent qu'après la chûte des *Fleurs*: elles font minces, longues, d'un vert-foncé, & fe confervent presque tout l'hiver. Au printems & en été fes *Oignons* font cachés fous terre, fans aucune marque apparente en dehors.

Iº. LES HERBES DES PATURAGES.

Les *Plantes* comprifes fous cette dénomination, font pour la plupart les mêmes que celles dont on enfemence les *Prairies* dans les autres pays; & elles méritent d'autant plus

d'être

b d'être obfervées, qu'elles fervent à prouver la
d bonté des *Paturages* de la *Tauride*. Elle fe
divifent, comme partout ailleurs, en deux
principales efpeces: en *Plantes à Coffes*, & en
Plantes à Epis.

1°. PLANTES A COSSES

1. Trefle (*Trifolium Pratenfe.*)
    Il fe trouve en quantité dans la *Partie montueufe*, dans quelques endroits des plaines de *Pérécop*, & dans la *Presqu'ile de Kertfch.*
2. Trefle rouge. (*Trifolium rubens*, de L.)
    Pour la plupart dans les vallées & dans les prairies des *Vergers.* Il eft plus haut que le précédent, & fes *Fleurs* font d'un rouge pâle.
3. Trefle jaune. (*Trifolium agrarium*, de L.)
    Partout avec les précédens. Dans les autres pays, on le feme avec les herbes des prairies.
4. Trefle de Sibérie. (*Trifolium Lupinaffer*, de L.)
    Quoique cette plante foit indigene dans la *Siberie* & qu'elle ait 5 *feuilles* au lieu de 3 ;

elle

elle eſt cependant raportée à l'eſpece dont il s'agit ici, à cauſe de ſes *Fleurs* & de ſes *Coſſes*.

Elle croît ici le plus dans les *Montagnes boiſées*, & pavient à un demi *Archine* d'élevation, ayant pour la plupart des *Fleurs* blanches.

5. Trefle corné. (*Lotus corniculatus*, de L.) Suffiſamment, dans les *Vallées* & ailleurs.

6. Luzerne de Suede. (*Medicago falcata.*)

Elle differe de la *Luzerne* ordinaire par ſes *Fleurs* jaunes, par ſes *Tiges* rampantes, par ſes *Coſſes* arguées, & ſe trouve le plus dans les *Vallées* & dans les *Montagnes*. On la ſeme, dans les autres pays, comme la *Luzerne* ordinaire.

7. Sainfoin, ou Eſparcette. (*Hedyſarum onobrychis.*)

En quantité dans toute la *Partie montueuſe*, dans la *Presqu'ile* de *Kertſch*, & occupe ſouvent des *Champs* d'une grande étendue.

8. Sainfoin à tiges fourchues & à coſſes pendantes liſſes. (*Hedyſarum obscurum*, de L.) Avec les précédens.

10. (*Coronilla varia*, de L.) En quantité dans la *Partie montueuſe* & ailleurs.

11. Pois

111. Pois des Bois, (*Lathyrus Cicer*, de L.)

Dans toutés les *Vallées* & dans la *Presqu'ile de Kertfch*, en abondance. Leurs *Fleurs* rouges font très jolies. Dans les autres pays on les feme dans les *Prairies*, àinfi que la *Caronilla varia*.

112. Pois des Bois, applatis. (*Lathyrus pratenfis*, de L.)

Avec les précédens, mais pas en fi grande abondance.

113. *Orobus Lathyroïdes.*

Pour la majeure partie dans les *Montagnes boifées*, parmi les autres herbes des paturages.

14. Pois dés grues. (*Vicia Gracca*, de L.)

Dans les *Vallées* & dans les *Montagnes maritimes argileufes*, où ils croiffent en *Büiffons* d'un *Archine* environ de hauteur.

15. *Aftragalus julofus*, de Lin.)

En quantité dans toutes les *Vallées* & dans les *Plaines*.

16. *Aftragalus Glyciphyllus*, de L.)

En grands *Buiffons* dans les bas-fonds le long des bords dés rivieres. Il eft compté dans les autres pays, ainfi que les autres efpeces de pois cy-deffus indiquées, au nombre des *Plantes* propres à enfemencer les *Prairies*.   2°. PLAN-

2°. PLANTES A ÉPIS.

1. *Phleum pratense.*
2. *Avena pratensis.*
3. *Avena fatua.*
4. *Aira cespitosa.* de L.

} Partout en quantité.

5. *Bromus cristatus,* de L.

Pour la majeure partie dans les *Vallées* & dans les lieux abondans en pâturages, vers le bas de *Salghir.*

6. *Briza media.*
7. *Stipa pennata.*

} Partout en quantité.

8. *Cynosurus Coeruleus.*

En abondance remarquable dans toute la *Partie montueuse.*

9. *Avena flavescens.*

Le plus aux pieds des *Montagnes* marititimes: ses *Fleurs* font jaunes.

10. *Dactylis glomerata,* de L.

En abondance dans toutes les *Vallées* & dans les *Prairies.* On rencontre encore ici, dans différens endroits de la *Partie montueuse,* & particuliérement sur le chemin de *Caraffou-bazare* à *Akmetschet,* ain-

ue

que vers le haut de la petite riviere de *Bourultſch*, du *Seigle* & du *Froment* ſauvages, qui méritent d'être obſérvés. Ils proviennent, probablement, des graines tombées de ces *Plantes*, & on ne ſauroit les regarder comme des ſauvageons, quoiqu'ils croiſſent parmi d'autres *Herbes;* car on les rencontre, auſſi pour la plupart, dans des lieux qui conſervent encore les traces de l'ancienne culture; & leurs ſemences ont pu être tranſportées ſur des terreins fertiles, par quelques cas fortuits.

3°. Les Plantes Médicinales.

Ici la Nature a exercé un libéralité toute particuliere envers la *Tauride*, en accordant abondamment à ſes contrées, des *Racines*, des *Simples* & des *Fleurs* pourvues de propriétés médicinales. Elles croiſſent, à la vérité, dans les autres pays auſſi, & ſont déjà aſſez connues des apothicaires : néanmoins elles pourront rapporter de grands avantages, lorsqu'on aura étudié & ſuivi ultérieurement leurs vertus.

La majeure partie de ces eſpeces ſe trouve dans les autres contrées de la *Ruſſie;* mais

nulle

nulle part on n'en rencontre autant de variétés,
raſſemblées dans un ſeul endroit, qu'ici; ce
qui ſeul doit procurer des avantages infinis rélativement à l'utilité générale.   Car en les
recueillant toutes dans des tems convenables,
il reſteroit aux Apothicaires établis dans la *Tau-*
ride, la moindre part de leur proviſion à ſe
procurer de l'intérieur de la *Ruſſie*.   Quelques
unes de ces *Plantes* ont déjà été indiquées ci-
deſſus dans le dénombrement des *Arbres*, des
Buiſſons & des *Fleurs*; les autres ſuivront ici.

1. *Polygala vulgaris*, de, L)
    Elle croît en quantité dans toutes les *Plaines*
    & dans la *Partie montueuſe*.   Elle fleurit au
    commencement de Mai, & donne des *Fleurs*
    bleues, rouge-pâles, & des blanches.

2. *Hyosciamus niger*, de L.)
    Il ſe trouve le plus dans les *Plaines* dé-
    couvertes entre le *Dnieper* & le *Salghir*,
    dans la *Presqu'ile de Kertſch*, & dans quel-
    ques endroits de la *Partie montueuſe*, &
    fleurit dans le mois de Mai.

3. Mille-feuille (*Achillea, mille-folium.*)
    Partout en quantité, & fleurit en Mai.

4. *Achillea nobilis.*
    Dans toutes les *Plaines* & *Vallons* en
    quantité, & fleurit en Mai.

5. Abs-

5. Abſynthe. (*Abſynthium.*)

Dans les *Plaines* depuis *Pérécop* jusqu'à *Salghir*, & dans la *Partie montueuſe* près de *Soudak*. En ſuffiſante quantité, & fleurit en juin.

6. Aurone mâle. (*Artemiſia Abrotanum.*)

En petite quantité dans les mêmes *Plaines*, & fleurit en juin.

7. Linaire (*Antirrhinum linaria.*)

Partout en quantité, & fleurit tout l'Eté.

8. Langue de Chien. (*Cynogloſſum officinale.*)

Fleurit dans les mois de Mai & de juin, dans différens endroits.

9. Choux marin, ou Sauvage. (*Crambe orientalis.*) *Raifort ſauvage*, en R.

En quantité entre *Dnieper* & *Pérécop*, & dans différens endroits de la *Partie montueuſe*, & ſurtout aux environs d'*Akmet-ſchet*, aux Bords de la petite Riviere de *Beſchterek*.

Cet utile *Végétal* eſt connu depuis peu dans la pharmacie, & ne l'eſt même qu'en *Ruſſie*; & quoiqu'on l'ait nommé *Raifort*, il n'a d'autre analogie avec celui-ci, que l'amertume de ſa *Racine*: au reſte il eſt de toute autre eſpece. On ne le rencontre

nulle

nulle part en *Ruffie*, que dans les *Stepes* (ou *Déferts*) méridionaux d'*Aftracan*.

Sa *Racine* parvient fouvent à un volume extraordinaire ; car l'ordinaire même eft groffe comme le bras, & fouvent davantage. Sa longueur eft également confidérable. Elle eft couverte d'une peau grisfoncée, & blanche intérieurement. Sa *Tige*, groffe & branchue, forme un grand *Buiffon* rampant. Il eft presque tout rond, & fe couvre au commencement de Mai, entiérement, de fleurs odorantes, blanches, très agréables, à la vue & à l'odorat.

Ses *Feuilles* auprès de la *Racine* même, font grandes, découpées & hériffées, mais rares ; & beaucoup plus petites fur les *Rameaux*. A la chûte des *Fleurs* paroisfent des *Baies* feches, qui contiennent une *graine*. La *Racine* eft d'une acreté & d'une amertume fingulieres, beaucoup plus fortes que celles du *Raifort* commun, à la place du quel elle peut être employée.

Quant à fes propriétés médicinales ; on a trouvé qu'il étoit un des meilleurs antiscorbutiques, ainfi que pour purifier le fang, & que fes effets etoient plus efficaces que ceux du *Raifort* ordinaire : par

con-

conféquent l'abondance de cette *Racine* ici, peut être tournée à l'avantage des *Marins*, étant introduite dans la claffe des comeftibles qui forment leur provi-fion.

10. Bouillon blanc. (*Verbascum Thapfus.*)

En abondance particuliere dans toutes les plaines qui s'étendent vers *Pérécop* & *Kertfch*, & dans la *Partie montueufe*. Il porte des *Fleurs* tout l'Eté.

Indépendamment de fes propriétés médi-cinales, il a un utilité domeftique: les *Tartares* qui habitent ces *Plaines* dépourvues de bois, employent fes groffes & longues *Tiges* en chauffage, ainfi qu'en enclos au-tour de leurs Cours & Etables, & le nom-ment *Sialghourouk*.

11. Fume-terre. (*Fumaria Officin.*)

En quantité dans toutes les *Plaines* & dans la *Partie montueufe*, & fleurit en **Mai**.

12. Melilot. (*Trifolium Melilothur* officin.)

Dans différens endroits de la *Partie mon-tueufe* & dans les *Plaines* entre *Pérécop* & *Salghir*; & en abondance remarquable dans la *Presqu'ile de Kertfch*. Il fleurit en Mai & Juin.

13. *Teu-*

13. *Teucrium Scordium.*

En fuffifante quantité dans différentes *Vallées* & furtout aux environs d'*Inkerman*. Il fleurit en juillet.

14. Mauve. (*Malva rotundifolia.*.)

En quantité dans les *Vallées* & la *Presqu'ile*, & fleurit tout l'Eté.

15. Filipendule. (*Spiræa filipendula.*)

En quantité dans touce la *Partie montueufe*, & fleurit en Mai & juin.

16. *Orchus bifolia.*

Dans les *Foréts maritimes*, & fleurit dans le mois de Mai.

17. Orcanette. (*Anchufa Officinalis.*)

En quantité dans toutes les *Vallées* & les *Plaines* & fleurit en Mai & juin.

18. Serpolet. (*Thymus Serpillum.*)

Partout en quantité. Il fleurit tout l'Eté.

19. l'Yeble, ou Hiéble. (*Sambucus ebulus*, de L.)

Dans les *Montagnes boifées* & aux environs des jardins, en fuffifante quantité, & fleurit en juin.

20. Sarriette, ou faverée (*Saturei hortenfis.*,)

Ce *Simple*, cultivé dans les jardins de la *Ruffie*, croît ici fpontanèment fur les rives pierreufes des petites rivieres de la côte méri-

méridionale des *Montagnes*, & vers le bas du *Salghir* aux environs de *Sivafche*. Il fleurit dans le mois de juin.

21. Cerfeuil. (*Scandix cerefolium.*)

Dans les endroits humides autour des jardins, & dans quelques endroits des *Vallées*, en quantité. Il fleurit en juin.

22. Agripaume. (*Leonurus Cardiaca.*)

En quantité dans la *Partie montueufe* & dans les *Plaines*, & fleurit en juin.

23. (*Rumex acutus.*)

Partout en quantité..

24. Plantain. (*Plantago major*, de L.)

Dans les lieux humides autour des jardins.

25. (*Plantago Cynops*, de L.)

En quantité dans différens endroits le long de la côte, & furtout aux environs de *Soudak*.

26. (*Thlafpi arvenfe*, de L.)

En quantité, autour des *Champs*, & fleurit en Juin.

27. Tabouret. (*Thlafpi burfa paftoris.*)

Partout en quantité, & fleurit tout l'Eté.

28. Lierre terrestre. (*Glechoma Hederacea.*)

En quantité autour des jardins & dans les bois, & fleurit en Mai.

29 *Si-*

29. (*Sifymbrum, Sophia Chirurgorum.*)

Partout en quantité, & fleurit dans le mois de Mai.

30. Piffenlit. (*Leontodon taraxacum.*)

Partout en quantité.

31. Valériane. (*Valeriana officinalis.*)

Dans les *Montagnes boifées*, & fleurit en juin.

32. (*Arum maculatum.*)

Aux environs d'*Aloufchta* & dans d'autres *Montagnes maritimes*, & fleurit en juin.

33. Bardane. (*Arctium Lappa.*)

En quantité le long des rivieres & des ruiffeaux.

34. Belladone. (*Atropa bella-donna*)

Cette *Plante*, indigene feulement dans les contrées méridionales, fe rencontre ici dans les bas-fonds, vers les Sources d'*Alma*; mais nulle autre part de la *Ruffie*. L'ufage de fes *Feuilles* & de fes *Baies* dans la pharmacie, l'a fait affez connoître.

Elles forme des buiffons de plus d'un archine & demi de hauteur. Ses *Tiges* rameufes font groffes, d'un rouge-foncé & un peu vélues. Ses *Feuilles* font grandes, ovales, longues environ d'un quart d'*archine*, & difpofées alternativement.

Les

Les *Fleurs* paroiſſent entre les *Queues* des *Feuilles*, & ſont d'un rouge - noirâtre, & plus communément par paire.

Les *Baies* ſont de la groſſeur d'une *Cé-riſe*, d'un noir luiſant, & renferment quelques *graines*.

Ses *Feuilles* ont une propriété aſſoupiſ-ſante, & le *Fruit* une vénéneuſe : p. e. ce *Végétal* eſt du nombre des *Plantes mé-dicinales* dangereuſes par elles - mêmes, & qui ne peuvent être utiles que priſes en petite doſe. (*a*)

Le nom de *Bella - donna* lui a été donné en *Italie*, parcequ'elle eſt un des ingrédiens de la toilette des dames de ce pays.

35. Pavot

(*a*) Le remede contre ce poiſon, eſt le vomiſſe-ment procuré en buvant de *l'Eau miélée*, ou du *Vi-naigre* en grande quantité.

Les *Feuilles* & les *Fruits* de cette *Plante*, apliqués extérieurement, ſont adouciſſans & réſolutifs. Mrs. Rai & Tournefort, en faiſoient bouillir avec le *Sain-doux* & en compoſoient une *Pomade* contre les ulceres carcinomateux & contre les durillons des mammelles.

Les peintres en migniature font macérer le *Fruit* & en préparent un beau *vert*.

35. Pavot rouge. (*Papaver Rhœas.*)
En quantité dans toutes les *Vallées*. Il fleurit en Mai & juin.

36. Agremoine. (*Agrimonia officinalis.*)
En bonne quantité dans les *Vallées* & les *Plaines*, & fleurit en juin.

37. (*Galium verum.*)
Partout en quantité, & fleurit en juin & juillet.

38. L'Ivette (*Teucrium Chamæpitus*, de L.)
En quantité fuffifante dans les *Vallées* & les *Plaines*, & fleurit en Mai & juin.

39. Ariftoloche. (*Ariftolochia Clematitis*, de L.)
Dans les lieux humides autour des jardins & dans les bois, & fleurit en juin.

40. (*Solanum Dulcamara.*)
Dans plufieurs endroits autour des jardins, & fleurit en juin.

41. Céleri. (*Apium graveolens*, de L.)
Dans les lieux humides aux environs de *Sevaftopolsk.*

42. (*Oryganum vulgare.*)
Partout en quantité, & fleurit en juin & en Aout.

43. Germandrée. (*Teucrium Chamædrys.*)
En quantité dans prefque toute la *Partie montueufe*, & fleurit en juillet.

44. Pied d'Alouette. (*Delphinum confolida.*)
Dans

Dans les *Vallées* & dans la *Presqu'ile de Kertfch*, & fleurit en juillet & Aout.

45. Panicaut, ou chardon à cent têtes. (*Erynigium campeftre.*)

Dans la *prefqu'ile de Kertfch* & dans les plaines en quantité.

46. Camomille. (*Matricaria Chamomilla.*)

Dans différens endroits des *Montagnes maritimes* & dans la *Presqu'ile de Kertfch*, en quantité, & fleurit dans le mois de juin.

47. Camomille puante. (*Anthemis cotula.*)

Le long d'*Alma* & en différens endroits des *Vallées*. Elle fleurit en juillet.

48. Chicorée fauvage. (*Cichoreum intybus*, de L.)

En quantité dans toutes les Plaines de *Pérécop* au *Salghir*, dans la *Presqu'ile de Kertfch*, & dans d'autres *Vallées*. Elle fleurit en Aout.

49. Betoine. (*Betonica officinalis*, de L.)

En différens endroits des Forêts, & furtout entre l'*Ancien Crime* & *Soudak*. Elle fleurit en juin.

50. Tanéfie. (*Tanacetum vulgare.*)

Dans les *Bois* & les *Vallées*, & fleurit en juin.

51. Salicaire. (*Lithrum Salicara*, de L.)

Dans les lieux humides autour de *Sou-*

dak,

dak, ainsi qu'aux bords des ruisseaux de la côte méridionale, & fleurit en juin.

52. Mercuriale. (*Mercurialis annua.*)

Dans les lieux humides autour des jardins, & fleurit en juin.

53. Sauge. (*Salvia Officinalis.*)

En quantité aux environs de *l'Ancien Crime* & de *Soudak*.

Elle ne differe en rien de celle des jardins; au contraire elle exhale un parfum si fort, qu'elle embaume tout l'air dans les jours chauds, là où elle croît en abondance, comme sur le chemin de *Baktschis-saraï* à *Aschlame*. Elle fleurit dans le mois de juillet.

54. Mille - pertuis. (*Hypericum perforatum.*)

En quantité dans les *Vallées*, & fleurit en juin.

55. Pervenche. (*Vinca minor*, de L.)

Dans les *Montagnes boisées* & les *Vallées*, & fleurit en juin.

56. Hyssope (*Hyssopus Officinalis.*)

En quantité dans toutes les *Montagns* vers le Nord, & fleurit en juillet.

57. Menthe sauvage. (*Mentha Sylvestris*, de L.)

Aux environs d'*Inkerman* & des rivieres. Fleurit en juillet.

58. Petite

58. Petite centaurée. (*Gentiana Centaurium min.*)

Dans les *Montagnes maritimes*, & fleurit en juillet.

59. Polypode. (*Polypodium filix Mas.* de L.)

Sur les cimes de *Tſchadir-dagh*, dans les fentes des Roches.

60. *Aſplenium Ruta muraria.* (*Ruë des Murs*, en R.)

Dans les mêmes endroits & dans les *Montagnes de Roche boiſées* des environs de l'*Ancien Crime.*

61. (*Polypodium vulgare.*)

Sur le *Tſchadir-dagh* & dans les fentes des *Montagnes maritimes.*

62. Carottes ſauvages. (*Daucus Carotta.*)

En quantité dans les *Vallées*, & dans la *Presqu'ile de Kertſch.*

63. Herbe au chat. (*Nepeta cataria.*)

Dans les *Vallées*, & fleurit en juillet.

64. (*Veronica Beccabunga*)

Dans les lieux humides, aux bords des rivieres.

65. Piment. (*Chenopodium Botrys.*)

Aux bords d'*Alma.*

66. Saponaire. (*Saponaria officinalis.*)

Aux environs de *Baktſchiſſaraï* & aux bords d'*Alma.* Indépendamment des vertus médi-

médicinales , cette *Plante* vient d'être jugée propre aux *Soyeries* : on en fait une compofition qui donne de la molleffe & de la blancheur à la *Soye* , lorsqu'on l'employe en dévidant les *Cocons*.

67. Ruë. (*Ruta graveolens* , de L.)

Cette *Plante* , commune feulement dans les jardins des autres contrées de la *Ruffie* , croît ici dans le fauvage, & en quantité, aux environs de *Baktfchiffaraï* , ne differe en rien de celle des jardins, & fleurit en juillet.

68. Aunée, ou Enule. (*Inula Helenium.*)

Aux bords de *Catfcha* , & fleurit en juillet.

69. Méliffe , ou herbe de citron. (*Meliffa Officinalis.*)

En quantité fuffifante fur le chemin de *Baktfchiffaraï* à *Manghoupe*. Dans les autres contrées de la *Ruffie*, elle n'eft connue que dans les jardins ; & ici, elle croît dans le fauvage, & exhale un parfum tout auffi fort que celui de la *Plante* cultivée.

70. Morelle. (*Solanum nigrum.*)

En quantité, au tour de toutes les habitations.

71. (*Onopordon Acanthium.*)

Dans

Dans quelques endroits des *Vallées*; &
en quantité dans la *Presqu'ile de Kertfch*
& dans les plaines de *Pérécop*.

Ses groffes *Tiges* fervent de chauffage
aux habitans: ils s'en aprovifionnent à la
fin de l'Automne pour l'Hiver, & les
nomment *Bouriana*; mais ce nom eft
commun ici à tous les *Végétaux* employés
en chaufage.

72. (*Datura ftramonium.*)

Partout dans la *Partie montueufe* & dans
les plaines autour des habitations.

73. (*Phyfalis Alkekengi.*)

Autour des jardins, le long de *Cabartha*,
& dans les *Montagnes maritimes*.

74. Bryone, ou Coulevrée. (*Bryonia alba.*)
Autour des jardins de la partie méridionale
des *Montagnes*.

75. Concombre fauvage. (*Momordica Elate-
rium.*)

En fuffifante quantité dans les *Montagnes
d'Inkerman*. Il ne croît que dans les climats chauds, & fes feuilles rèffemblent à
celles des *Comcombres* ordinaires; mais elles
font beaucoup plus petites & jaunes. Son
Fruit, qui murit en Aout, confifte en
Cornichons vélus & couverts d'excroiffances
aiguës,

güës, qui dans le tems de leur pleine maturité, crevent au moindre attouchement, & répandent un *Suc* puant, avec la fémence. Les apothicaires préparent de ce *Suc* un purgatif très puiffant, qu'on donne le plus fouvent dans l'*Hydropifie.*

76. Pouliot. (*Mentha Pulegium*, de L.)

Dans les lieux humides d'*Inkerman*, & des *Montagnes*, au bord des ruiffeaux. Il fleurit en Juillet & en Août, & ne croît que dans les Jardins des autres contrées de la *Ruffie.*

77. Sanicle. (*Sanicula Europœa.*)

Dans les *Montagnes maritimes boifées*, & fleurit en Juin.

78. Verge dorée. (*Solidago virga aurea.*)

Dans les Forêts de *Yalta*, & fleurit en Août.

79. Brunelle. (*Prunella vulgaris*)

Dans les *Montagnes maritimes boifées*, & fleurit en Juillet.

80. Angelique. (*Angelica Archangelica.*)

Dans les Forêts en remontant le *Salghir,* & dans les hautes *Montagnes boifées.* Fleurit en Juin.

81. Eclaire. (*Chelidonium majus.*)

En

En quantité autour des Jardins, & dans les Forêts.

82. Tufillage. (*Tufillago farfara.*)

Dans les *gorges* argileufes qui fe trouvent aux pieds des *Montagnes maritimes.*

83. Marube blanc. (*Marrubium vulgare.*)

Dans la *Partie montueufe* & dans les *Raines*, en quantité. Il fleurit en juin.

84. *Boletus igniarius*, de L.) (*Amadou* ou *Agaric des Bouleaux* en R.)

Sur les Arbres fruitiers dans les Jardins & les *Forêts maritimes.*

85. *Pimpinella magna*, de L.)

Le long d'*Alma* & dans les Bas-fonds, & fleurit en Juillet.

86. Benoite. (*Geum urbanum.*)

Dans les jardins, dans les *Forêts* & dans les lieux ombragés, & fleurit en Juin.

87. Cusrute. (*Cusrata Europ.*)

Entortille différens *Végétaux* dans la *Partie monteufe* & les *Raines.*

88. Avrefte-bœuf, ou Bugrane. (*Ononis Spinora.*)

Dans la *Presqu'ile de Kertfch* & le long de la côte méridionale: Fleurit en Juin.

89. Gentiane. (*Gentiana cruciata*, de L.)

Sur les Cimes de *Tfchadir-dagh* & d'autres

tres

tres *Montagnes*, & fleurit en Juillet. Les *Tartares* l'appellent *Yapa Yapzagh*, & s'en fervent contre les bleffures.

90. *Chryfocoma villofa.*

Dans les *Montagnes boifées* de *Soudar*, & fleurit en Juin.

91. Tenugres. (*Trigonella fœnum gracum.*)

Aux environs de *Baktfchiffaraï* dans les endroits pierreux. Il fleurit en Juin, n'eft propre qu'aux climats méridionaux, & ne fe trouve nulle autre part en *Ruffie* dans l'état fauvage : Il reffemble au *Trefle* ou au *Mélilot* en aparence. Ses *Tiges* rampantes, font fines, rameufes, d'un demi *archine* & plus de longueur. Les *Feuilles* petites & toujours par trois enfemble : les *Fleurs* qui paroiffent entre leurs petites *Queues*, font blanches ou bleuâtres : elles font remplacées par des *Coffes* qui renferment quelques *graines*. —— Malgré fa forte puanteur, les anciens *Romains* emplo oient ce *Végé·al* dans leurs *Mets*, ainfi que le pratiquent encore les *Indiens* établis à *Aftracan* qui le comptent parmi·les *Herbes de cuifine*, & le cultivent dans leurs Jardins. Quant aux *Européens* ; ils ne l'employent, pour la plupart, qu'en médicament pour les *Chevaux*.

92. Ciguë.

92. Ciguë. (*Choerophyllum Sylveſtre.*)

En quantité dans les *Vallées*, & fleurit en Juin.

93. L'Ortie. (*Urtica dioïca.*)

Autour des Jardins, dans les lieux humides, & dans les Bois.

4°. Végétaux propres aux usages Economiques.

1. Gaude ou l'Herbe jaune. (*Reſeda luteſlä.*)

Elle croît dans différens endroits de la *Partie montueuſe d'Inkerman*, d'*Alma*, de *Soudak*, & dans les bois entre *Aloujchtä* & *Lambat*. Elle a reçu ſon nom de ſa propriété de teindre en jaune les *Draps* & autres matières de laine. Sa hauteur eſt d'un *archine*, environ. Sa *Racine* pouſſe une *Tige* couverte de *Feuilles* touffues, longues, étroites & d'un vert pâle. Au bout de la *Tige*, au commencement de l'Eté, paroiſſent des *Rameaux* longs & minces garnis de petites *Fleurs* jaunes, remplacées enſuite par de petits boutons remplis de ſemences, qui muriſſant en Aout, toute la *Plante* acquiert le dégré de perfection néceſſaire à l'uſage eη queſtion, & l'on peut la recolter dès lors.

Elle vient dans l'état de ſauvage dans les autres contrées de l'*Europe* ; mais comme celle qui eſt cultivée donne une beaucoup plus belle couleur, on en ſeme annuellement quantité en *France*, en *Eſpagne* & dans d'autres climats chauds, où l'on en fait une branche de commerce, après l'avoir ſéchée.

La *Ruſſie* la reçoit jusqu'ici de l'étranger. Il ſeroit donc très avantageux d'en introduire la culture en grand dans la *Tauride*, où l'on en peut toujours cueillir ſuffiſamment de ſemences. Le terrein convenable à cette culture, n'y manqueroit pas non plus, vu le ſuccès avec lequel elle y croît ſpontanément.

2. Garence. (*Rubia tinctorum*, de L.)

Le grand uſage qu'on fait de ſa *Racine* dans toutes les manufactures l'a fait aſſez connoître. Elle croit ſpontanément dans les bas fonds d'*Inkerman*, mais en petite quantité. Vu cependant ſa réuſſite dans l'état de ſauvage, on peut en conclure qu'elle y ſeroit cultivée avec ſuccès. Et comme elle ſe multiplie en plantant la *Racine* coupée en pluſieurs morceaux, on peut en raſſembler ſuf-

ſiſamment

fisamment ici pour en former le *Plantage* fon-
damental.

3. (*Rubia peregrina.*)

Cette *Plante*, connue également dans les
autres parties de la *Ruffie*, croît ici en quantité dans toutes les *Vallées* ; & quoique la
couleur que donne fa *Racine* foit plus foible que celle de la précédente, elle eft néanmoins utile.

Elle n'a guere plus d'un·quart d'*archine*
d'élévation avec des *Feuilles* petites, un peu
rondes, & groupées par 4 autour de la *Tige;*
& des *Fleurs* menues, jaunes, remplacées
par des *Baies* noirâtres, feches & qui ne contiennent qu'une feule graine.

4. (*Galium rubioïdes.*)

Pour la plupart fur les *Montagnes boifées*
de *Balouclava.* On en tire auffi une couleur
rouge dans quelques contrées de la Ruffie.
Il croît très haut & droit, avec des *Feuilles*
oblongues, larges & piquantes par le bas,
groupées par 4 autour de la *Tige.* Les *Fleurs*
paroiffent en bouquets après les quels reftent
deux graines liffes.

5. (*Galium Sylvaticum*, de L.)

En quantité autour des Jardins & dans les

Bois des *Montagnes de la rangée de devant:*
il eſt égalemeut propre à la teinture.

Il a plus d'une demi *archine* d'élévation, &
devient ſouvent rampant. Ses *Feuilles* ſont
larges, oblongues & piquantes par deſſous
& par les côtés, groupées par 8. autour de
la *Tige.* Les *Fleurs* paroiſſent ſur de longs
Rameaux : elles ſont petites & blanches. Sa
graine eſt comme celle du précédent.

6. Salicot. (*Salicornia herbacea,* de L.)

Il croit en quantité autour des *Lacs ſalés*
& dans tous les *Marais ſalans,* & principalement le long du *Sivaſche,* où l'on en trouve
tout auſſi abondamment que dans les *Stépes* aux
environs de la *Mer Caſpienne.* Toutes ſes
parties conſtituantes ſont remplies d'un *Suc*
ſalé & amer, & l'on en tire, dans quelques
contrées méridionales de l'*Europe,* de l'*Al-
cali* connu ſous le nom de *Soude,* & néces-
ſaire aux fabriques des verres, des ſavons,
&c. Il reſſemble à un *Arbuſte* rameux, &
n'a guere plus d'un demi *archine* en élévation,
mais ſes *Rameaux* fourchus, compoſés de
noeuds ronds & gros, ſont remplis de *Suc.*
Ces *Rameaux* ſont d'un vert foncé en été, &
rougeâtres, vers l'automne. Il n'a jamais de
Feuilles, & ſes *Fleurs* & *Semences,* qui s'en-
gendrent

gendrent dans les *noeuds* des *Rameaux*, font
fi menues, qu'à peine peut-on les apercevoir.

Cette *Plante* paffe auffi pour un puis-
fant *Antiscorbutique*, & on en fait une
grande confommation en *Zéelande*, où on
la fait cuire & garder pour l'hiver dans du
vinaigre.

7. (*Salfola Kali.*)

Ce végétal, commun à tous les *Lieux maritimes falins*, fe trouve le long de *Sivafche*
près de *Pérécop* le plus, & fournit de la
Soude comme les fuivans.

8. *Salfola Sativa*, de L. (*Salicot cultivé*, en R.)

Avec la précédente, mais en petite quantité; on l'a diftinguée par l'adjectif de *Cultivée*, parcequ'en effet elle eft cultivée aux
environs de la *Méditerannée*.

On en tire la *Soude* furnommée d'*Alicante*.
Mais dans les *Stépes* d'*Aftracan*, c'eft le
Végétal le plus commun.

9. (*Salfola Salfa*, de L.)

En quantité fuffifante avec les précédentes, & autour des *Lacs falés*.

10. *Salfola proftata.*)

Le long de *Sivafche*, aux environs des
Lacs falés, & dans les lieux maritimes, en
abondance.

11. *Sal-*

11. (*Salfola Sedoïdes*, de Pallas.)

Aux environs de l'embouchure de *Sa'g-hir*, dans les *Marais falans* le long de *Si-vafche*, le plus.

12. *Salfola hirfuta*, de L.)

Aux environs de *Pérécop*, dans le voifi-nage des *Lacs falés*.

Toutes ces efpeces de *Salicots* croiffent auffi dans les *Stépes* méridionales de la *Ruffie*, & font par là affez connues.

13. Le Houblon fauvage. (*Humulus lupulus.*)

En quantité dans les *Foréts maritimes.*

14. l'Afperge fauvage. (*Afparagus Officinalis.*)

Dans les endroits humides autour des jar-dins, & dans la *Presqu'ile de Kertfch.*

15. Pourpier fauvage. (*Portulaca oleracea.*)

En quantité aux environs de *Soudak* & d'*Inkerman.* Il croît auffi dans le fauvage aux environs d'*Aftracan* & dans les jardins des autres Contrées de la *Ruffie.*

16. Les Fraifes. (*Fragaria vesca*, de L.)

Dans les *Vallées* & dans les *Montagnes* en abondance; mais les *Tartares* n'en ufent pas.

17. Les Champignons. (*Agaricus campeftris.*)

En quantité dans les *Vallées*, au commen-cement de l'Automne.

5°. Plan-

5°. Plantes servant d'objet de curiosité aux Botanistes.

1. Sauge des prairies. (*Salvia pratenfis.*)

Elle croit en quantité dans toutes les *Plaines* & dans la *Partie montueufe*, & fleurit pendant tout l'Eté.

2. (*Salvia nutans.*)

Pour la plupart dans les *Plaines*, & dans quelques endroits feulement des *Vallées*. Fleurit en Mai.

3. (*Ajuga Pyramidalis.*)

Dans les *Vallées* & dans les *Plaines*, & fleurit en Mai.

4. Veronique rampante. (*Veronica prosfata.*)

Partout en quantité, fleuriffant en Mai.

5. (*Ranunculus acris.*)

Dans les *Plaines* & *Vallées* en quantité, & fleurit en Mai & Juin.

6. Lin fauvage. (*Linum ufita'iffimum*, de L.)

En abondance remarquable dans toutes les *Plaines* qui s'étendent depuis le *Dnie-per*, jufqu'aux *Montagnes*, & dans les *Val-lées*. Il fleurit en Mai & Juin.

O 4

7. Mille-

7. Mille-feuille velu. (*Achillea tomentofa.*)

    Dans les mêmes *Plaines* & dans la *Pres-qu'ile de Kertfch*, & fleurit en Mai & Juin.

8. (*Potentilla recta.*)

    Dans les *Plaines* & *Vallées*, & fleurit en Mai.

9. (*Chryfantemum inodorum.*)

    Partout en quantité, & fleurit en Mai & Juin.

10. Abfinthe blanche. (*Arthemifa alba*, de Pallas.)

    En quantité autour des *Lacs falés* & le long de *Sivafche*. Cette *Plante* mérite d'autant plus d'être obfervée, qu'elle eft une des plus faines nourritures des brebis. Elle croît en abondance remarquable dans toutes les *Stépes* méridionales de la *Mer Caspienne*; & les troupeaux innombrables, qui y paiffent, ne connoiffent prefque d'autre nourriture que cela; furtout en hiver.

11. (*Rindera tetraspis*, de Pallas.)

    Cette *Plante* rare & nouvellement découverte, ne fe rencontre qu'entre le le *Dnieper* & *Pérécop*, & fleurit au commencement de Mai. Elle ne croît encore ailleurs, que dans les Bas-fonds de *Volga*

&

& d'*Oural* où elle a été découverte par Mr. *Pallas*, qui l'a décrite dans son *Voyage de la Ruſſie.*

12 (*Alyſſum incanum*, de L.)

En quantité dans toutes les *Plaines* & dans la *Partie montueuſe*, & fleurit en Mai & Juin.

13. (*Alyſſum campeſtre*, de L.)

Partout en quantité, & fleurit en Mai.

14. (*Lepidum perfoliatum*, de L.)

En quantité remarquable dans toutes les *Plaines*, & fleurit en Mai.

15. (*Thlaspi alliaæum*, de L.)

Dans la *Partie montueuſe* & dans toutes les *Plaines*, & fleurit en Mai.

16. (*Phlomis herba venti*.)

Partout en quantité, & fleurit en Mai & Juin.

17. (*Verbaſcum Phœniceum*, de L.)

Dans toutes les *Plaines* depuis *Pérécop* juſqu'à *Salghir*, & dans les *Vallées*, & fleurit en Mai.

18. (*Euphorbia Eſula*.)

Partout en quantité.

19. (*Carduus hutans*.)

Dans toutes les *Plaines*, & fleurit en Mai.

O 523. Ruë

20. Ruë des Montagnes. (*Peganum harmala,* de L.)

En quantité dans toutes les *Plaines* & dans la *Partie montueuse*, & fleurit en Mai & Juin.

21. Capres à Cosses. (*Zygophyllum fabago.*)

Avec le précédent en tout.

22. (*Cucubalis viscosus.*)

Aux environs de *Perecop*, & fleurit en Mai.

23. (*Anabasys aphylla,* de L.)

Autour des *Lacs salés.*

24. (*Thesium linophyllum.*)

Autour des *Lacs salés*, & fleurit en Mai.

25. (*Reseda undata,* de L.)

Dans les *Vallées* & dans toutes les *Plaines*, en quantité. Il fleurit en Mai & Juin Cette *Plante* ne se trouve nulle autre part en *Russie*, & n'est commune qu'en *Italie.* Sa *Tige* droite & anguleuse, est d'un demi *archine* de hauteur: ses *Feuilles* sont longues, étroites, pointues vers le bout, & par paires sur de petites *Queues*; mais entre chaque paire, il s'en trouve toujours une petite au milieu. Leurs bords sont

reco-

recoquillés. Au bout de la *Tige* paroissent des bouquets de *Fleurs* menues, blanches, remplacées ensuite par de petits
boutons à *Semences* très petites.

26. (*Braffica Arvenfis* , de L.)
Dans toutes les *Plaines*, & fleurit en
Mai.

27. (*Sanguiforba officinal's.*)
En quantité dans toutes les *Vallées*, &
fleurit en Mai.

28. Véronique d'Autriche. (*Veronica Au-
ftriaca.*)
Dans les *Montagnes* & fleurit en Mai
& Juin.

29. (*Thaliɛlrum flavum.*
Dans les *Vallées* & les *Bois*, & fleurit
en Mai & Juin.

30. (*Ciftus nummularius*, de L.)
En quantité dans toutes les *Vallées*, &
fleurit en Mai & Juin.

31 (*Lycopfis pulla*, de L.)
Dans les *Plaines* & *Vallées*, & fleurit
en Mai.

32. (*Senecio crucifolius*, de L.)
Partout en quantité, & fleurit pendant
tout l'Eté.

33. (*Leon-*

33 (*Leontodon aureum.*)

Dans les *Vallées*, & fleurit en Mai.

34. (*Tragopogon pratense.*)

Dans les *Vallées* & dans la *Presqu'ile de Kertsch* en quantité, & fleurit en Mai & Juin.

35. (*Convolvulus Cneorum,* de **L.**)

Dans les *Montagnes* de *Caraſſou-bazare,* & ailleurs. Il fleurit en Mai.

36. (*Potentilla fragarioides.*)

.Il se rencontre, mais rarement, sur les cimes de *Tschadir-dagh* & d'autres *Montagnes maritimes,* & fleurit en Mai.

37. (*Veronica Chamædrys,* de **L.**)

Avec la précédente en tout.

38. (*Cucubalus behen.*)

Dans les *Montagnes boiſées,* & fleurit, en Mai.

39. *Saxifraga petræa,* de **L.**)

Tout au sommet des *Montagnes maritimes,* & fleurit en Mai.

40. *Cerastium tementoſum,* de **L.**)

Sur les cimes des plus hautes *Montagnes* seulement, & nulle autre part en *Ruſſie.* Sa hauteur est environ d'un quart d'*Archine.* Ses *Tiges* minces & couvertes de duvet, s'élevent droit, & sont partagées

au

au bout en petits *Rameaux* portant des *Fleurs* blanches. Ses Feuilles, affez longues & étroites, font couvertes d'un épais duvet blanc. Il fleurit en Mai.

41. (*Papaver Argemone*, de L.)

Sur les bords pierreux des petites rivieres qui tombent dans la mer, & fleurit en Mai.

42. (*Apocynum venenum*, de L.)

En plufieurs endroits de la *Partie montueufe*, & fleurit en Juin.

43. (*Scandix pecten.*)

Aux bords des petites rivieres des environs de la mer, & fleurit en Mai.

44. (*Sideritis incana*, de L.)

Dans les *Montagnes* du *Nord*, & fleurit en Juin. Il ne fe trouve pas dans les autres parties de la *Ruffie*, & n'eft commun qu'en *Efpagne*. A la vue & à l'odorat, avant que fes *Fleurs* commencent à paroître, il reffemble beaucoup à la *Sauge*. Il eft quelquefois haut d'un quart d'*Archine*. Ses *Tiges* fermes & quarrées, s'étendent de tous côtés depuis fa *Racine*, & ne font rameufes que vers le bas. Les *Feuilles* font difpofées auprès de la *Racine* par bouquets touffus, & celles de la *Tige*,

oblon-

oblongues & clair - femées, vont en fens contraire, & reſſemblent à celles de la *Sauge.* D'ailleurs ces *Tiges* & ces *Rameaux* font couverts d'un épais duvet blanc. Les *Fleurs* des extrêmités des *Tiges*, font d'un jaune clair, groupées par 6, & entourrées de *folioles* jaunes pointues.

45. (*Carduus mollis*, de L.)

En quantité dans toutes les *Vallées*, & fleurit en Mai.

46. (*Lamium purpureum.*)

Dans les *Montagnes* & dans les jardins, & fleurit en juin.

47. (*Elymus arenarius*, de L.)

Le long de la côte dans les fables.

48. (*Symphytum orientale.*)

Il fleurit au commencement du Printems autour des jardins, aux bords des ruiſſeaux, des fources & des fontaines dans les *Montagnes.* Ses *Feuilles* font larges, gercées , pendantes fur des *Queues* courtes. Les *Fleurs*, au bout des *Rameaux*, font blanches. —— Quant aux autres pays; il croît le plus aux environs de *Conſtantinople.*

49. (*Lythospermum Officinale.*)

En

En quantité dans toutes les *Vallées*, &
fleurit en Mai.

50. (*Eryfimum alliaria*, de L.)
Dans les lieux humides autour des jardins, & fleurit en Mai.

51 (*Alchemilla vulgaris*, de L.)
Sur les Cimes des *Montagnes maritimes*,
& fleurit en Mai.

52. (*Scleranthus annuus*, de L.)
En tout avec le précédent.

53. (*Heracleum Panaces.*)
Dans les Bas-fonds vers le haut d'*Alma*
& fleurit en Mai. — Les *Tartares* la nomment *Chiar*, & en mangent les groffes *Tiges* fraiches, ainfi qu'en ufent les *Siberiens*
avec une autre efpece de la même *Plante.*

54. (*Androface villofa.*)
Tout au fommet de *Tfchadir-dagh*, &
fleurit en Mai.

55. Sauge des Bois.   (*Salvia nemerofa*, de L.)
En quantité dans toutes les *Vallées* &
Forêts, fleurit en Juin, & fes *Fleurs* font
bleuâtres & blanches.

56. (*Coriandrum tefticulatum*, de L.)
En quantité dans toutes les *Vallées*, &
fleurit en Juin.

57. (*Ranunculus gramineus*, de L.)

Dans

Dans quelques endroits des *Plaines* & de la *Partie montueuse*, & fleurit en Mai.

58. (*Chryfantemum Corymbofum.*)

Dans les *Montagnes* de *Caffa* & quelque part dans la *Presqu'ile de Kertfch.* Il fleurit en Juin.

59. Abfinte glaciale. (*Artemifa glacialis*, de L)

Sur les Cimes des *Montagnes* de *Caffa*, & fleurit en juin. Son furnom lui vient, de ce qu'elle croît pour la plupart fur les *Alpes*.

60. (*Aftragalus Auftriacus.*)

Sur les *Montagnes* de *Caffa*, & fleurit en juin.

61. (*Illecebrum parongchia*, de L.)

Sur toutes les *Montagnes de Roche*, & fleurit en Mai. Elle ne fe trouve nulle autre part en *Ruffie*, & ne fe produit que dans les climats chauds. Elle a moins d'un quart d'*archine* d'élévation, & fes courtes *Tiges* fe répandent de tous côtés fur le *Sol.* Ses *Feuilles* font toufues, petites & liffes; & fes *Fleurs*, fi menues, qu'à peine peut-on les remarquer, font cachées dans des *Folioes* minces, blanches & luifantes, affez grandes; ce qui donne un air diftingué à cette *Plante.*

62. Lin

62. Lin jaune. (*Linium flavum*, de L.)
    Dans toutes les *Vallées*, & fleurit en juin.

63. (*Linium viscosum*, de L.) (*Lin sauvage
    à tiges visqueuses*, en R.)
    En tout comme le précédent.

64. (*Statice Tatarica*.)
    Dans la *Presqu'île de Kertsch*, & fleurit
en juin. On l'a nommé vers le bas *Volga*,
ainsi que les autres especes de cette *Plante*,
Racine jaune, parceque les *Calmoucs* l'employent à teindre leur cuir en jaune.

65. (*Myosotis lappula*.)
    Dans les *Montagnes* entre les *Rochers* &
dans les *Vallées*, & fleurit en juin.

66. (*Scuttelaria peregrina*.)
    Dans les lieux humides, aux bords des
rivieres, & fleurit en juin.

67. (*Phlomis tuberosa*, de L.)
    Dans toutes les *Vallées* & dans la *Pres-
qu'île* en quantité, & fleurit en juin.

68. (*Tragopogon villosum*.)
    Dans les *Vallées* & dans les *Montagnes*,
& fleurit en juin.

69. (*Gnapholium dioïcum*, de L.)
    En quantité dans toutes les *Vallées* &
Montagnes, & fleurit en juin.

P

70. Scutel-

70. (*Scutellaria orientalis.*) (*Casque oriental,* en R.)

Sur les *Montagnes craieuſes* de *Caraſſou-bazare*, & d'*Inkerman*, & fleurit en juin. Cette *Plante* ne ſe rencontre nulle autre part en *Ruſſie*, & ne croît pour la plupart qu'en *Aſie*. Tournefort, qui l'avoit rencontrée en *Georgie*, près de *Telis*, l'a décrite ſous la même dénomination dans ſes *Voyages*. Elle eſt en forme d'un petit *Buiſſon* rameux, compoſé de *Tiges* minces, rouge-foncées, velues & inclinées, garnies de menues *Folioles*, dentelées aux bords comme un peigne, blanches par deſſous, & toujours par paire. Au haut des *Tiges* paroiſſent des *Fleurs* jaunes, longues, reſſemblant à un *Casque*, d'où la *Plante* tire ſon nom.

71. (*Stachys paluſtris.*)

Dans les *Vallées* & dans toute la *Presqu'ile de Kertſch*, & fleurit en juin.

72. (*Scabioſa arvenſis.*)

Avec le précédent, & dans les Plaines de *Koslow*, & fleurit en juin & juillet.

73. (*Silene nutans*, de L.)

Dans les lieux humides autour des jardins, & fleurit en juin.

74. (*Polygonum lapathyfolium.*)

En quantité partout dans les *Vallées*, & fleurit en Mai.

75. (*Cucubalus Otiles*, de L.)

Dans les *Vallées* & dans la *Presqu'ile de Kertfch.*

76. (*Hedyfarum humile.*)

Dans les *Vallées* & dans quelques endroits de la *Presqu'ile de Kertfch*, & fleurit en juin.

77. (*Afperula Pyrenaïca.*)

Sur les *Montagnes* de l'*Ancien Crime* & de *Caffa*, & fleurit en juin.

78. (*Centaurea fcabiofa*, de L.)

Dans la *Presqu'ile de Kertfch*, & fleurit en juin.

79. (*Camphorosma Monfpeliaca.*)

Dans la *Presqu'ile de K.* & dans les *Montagnes argileufes maritimes.*)

80. (*Arenaria media*, de L.)

Dans les *Marais falans* de la *Presqu'ile de K*, & fleurit en juin.

81. (*Mefferschmidia Arguzia.*)

Dans le *Taman* & aux bords de *Liman du Cuban* & fleurit en juin.

82. (*Atriplex glauca*, de L.)

P 2

Dans

Dans les *Marais falans* de la *Presqu'ile de K.* & dans le *Taman.*

83. (*Inula oculus-chrifti.*)

Dans les *Vallées* & dans la *Presqu'ile de K.*, & fleurit en juin.

84. (*Marrubium peregrinum,* de L.)

Dans toutes les *Plaines* & Vallées, & fleurit en juin & juillet.

85. (*Nigella arvenfis,* de L)

Dans les *Vallées* & dans la *Presqu'ile de K.*, & fleurit en juin.

86. (*Ballota nigra,* de L.)

Dans la *Presqu'ile de K.*, & fleurit en juin.

87. Rave fauvage. (*Bunias Kakile,* de L.)

Dans les Sables de *Taman,* aux bords de *Liman du Cuban,* & dans la *Presqu'ile* aux environs de Takelmiffe, & fleurit en juin.

88. (*Frankenia lævis,* de L.)

Dans les *Marais falans* de la *Presqu'ile de Kertfch,* & fleurit en juin.

89. (*Herniaria hirfuta.*)

Aux bords des petites rivieres qui fe jettent dans la Mer, & fleurit en juin.

90. (*Teucrium capitatum.*)

Dans les *Montagnes de Roche,* & fleurit en juin.

91. Echi-

91. (*Echinops ritro*, de L.)

Dans les *Vallées* & la *Presqu'ile de K.*, & fleurit en juin & juillet.

92. (*Eryngium maritimum*, de L.)

Dans les *Sables* de la *Presqu'ile de K.* aux environs de *Takelmiſſe*, & fleurit en juin.

93. (*Siſymbrium tenuifolium.*)

Dans les *Montagnes de Takelmiſſe* , & fleurit en juin.

94. (*Heliotropium Europæum.*)

Sur. l'*Iſthme d'Arabat*, & fleurit en juin.

95. (*Aſtragalus arenarius.*)

En tout avec le précédent.

96. (*Atriplex laciniata*, de L.)

Dans toutes les *Plaines* & dans l'*Iſthme d'Arabat.*

97. (*Scabioſa tatarica*, de L.)

Dans la *Presqu'ile de K.* & dans les *Vallées*, & fleurit en juin & juillet.

98. (*Geranium columbinum*, de L.)

Dans les forêts de l'*Ancien Crime*, & fleurit en juin.

99. (*Geranium robertianum.*)

Dans les *Forêts* & *Vallées*, & fleurit en juin; & pour la ſeconde fois, vers l'automne.

100-

100. (*Rhinantus, Crista galli,* de **L.**)

Dans toutes les *Vallées* & dans la *Presqu'ile de K.*, & fleurit en juin.

101. (*Melampyrum cristatum.*)

En tout avec le précédent.

102. (*Orobanche major.*)

Dans quelques endroits de la *Presqu'ile de K.* & dans les *Vallées.*

103. *Epilobium hirsutum.* (*Willow-plant,* en Anglois.)

Dans les Lieux humides aux bords des rivieres, & fleurit en juin suivant Priestley ; cette *Herbe* purifie extrêmement l'air corrompu & mal sain.

104. (*Asperula taurina.*)

Dans les *Montagnes boisées* & dans les jardins, & fleurit en juin.

105. (*Inula saligna.*)

Aux environs de *Soudak,* & fleurit en juin & juillet.

106. (*Clematis vitalba,* de **L.**)

En quantité autour de tous les jardins, & fleurit en juin & juillet.

107. (*Lysimachia vulgaris.*)

Dans les *Montagnes boisées,* & fleurit en juin.

108. (*Convolvulus sepium,* de **L.**)

Dans

Dans les bois & autour des jardins, &
fleurit en juin.

109. (*Onosma echioïdes.*)

Parmi les Roches près de *Soudak*, &
fleurit en juin.

110. (*Andryata lanata*, de L·)

Aux environs de *Soudak*, & fleurit en
juin.

111. (*Cynachum acutum.*)

Dans quelques endroits des Plaines, &
le long de la côte. Fleurit en juin.

112. (*Inula ensifolia*)

Dans les *Montagnes* de *Soudak* & fleurit en juin.

113. (*Lactuca quercina*, de L.)

Avec la précédente, & les fuivantes,
en tout.

114. *Centaurea amara.*

115. *Centaurea Centauroïdes.*

116. (*Polygonum aviculare.*)

Le long de la *Mer Noire* , près de
Soudak.

117. (*Plantago lanceolata.*)

Dans la *Presqu'ile de K.* & dans les autres
plaines.

118. (*Plantago Salfa*, de L.)

Autour des *Lacs falés* de *Koslow.*

119. *Gyp-*

119. (*Gypſophila paniculata.*)

Dans toutes les plaines & dans quelques endroits de la *Partie montueuſe*, & fleurit en juin.

120. (*Tribulus terreſtris*, de L.)

Dans les ſables le long de la côte, & fleurit en juin.

121. (*Molucella lœvis.*)

Dans les *Vallées* & les *Plaines*, & fleurit en juin.

122. (*Ononis minutiſſima.*)

Dans les *Montagnes boiſées* de Soudak & d'*Inkerman*, & fleurit au commencement de juin. Elle ne ſe trouve nulle autre part en *Ruſſie*, & n'eſt indigéne que dans les contrées méridionales de l'Europe. Elle a un peu plus d'un quart d'*archine* de hauteur; ſes *Tiges* ſont minces, liſſes & rampantes de tout côté ſur le *Sol*. Ses *Feuilles*, groupées par trois ſur de petites *Queues*, comme le trefle, ſont oblongues, dentelées & ſolides: entre leurs *Queues* paroît une *Fleur* jaune reſſemblant à celle des *Pois*, qui devient enſuite une petite *Gouſſe* épaiſſe & noirâtre, renfermant quelques petits *Pois*.

123. *Ci-*

123. (*Ciſtus fumana.*)

Dans les Montagnes de *Soudak*, & fleurit en Juin.

124. (*Verbaſcum ſinuatum*, de L.) *Verbaſcum græcum* de Tournefort. (V. Lettre VIII. pag. 9. ed. in 8°. de 1727.)

Dans les ſables aux environs de la *Mer*, & fleurit en Juin. Les iles de l'*Archipel* produiſent auſſi cette *Plante*, découverte & décrite par Tournefort. Elle a plus d'un *demi-archine* de hauteur. Sa *Racine* ligneuſe, eſt groſſe & longue: ſes *Tiges* ſont également groſſes & s'élevent droit. Ses *Feuilles* autour de la *Racine*, ſont longues, profondément découpées aux côtés, cotoneuſes en deſſus, & couvertes de duvet blanc en deſſous; mais ſur les *Tiges*, elles ſont courtes, oblongues, récoquillées (ou ondées) & diſpoſées alternativement aux côtés. Les *Fleurs* des extremités des *Tiges* & des *Rameaux*, ſont jaunes, & leurs *Calices*, ainſi que toutes les autres parties de la *Plante*, abondent en duvet. Elle ne ſe trouve nulle autre part en *Ruſſie*.

125. (*Salvia ſclarea.*)

En quantité dans toutes les *Plaines* &

Vallées

Vallées, & fleurit en Juin, formant de grands *Buiſſons* rameux de plus d'un *archine* de hauteur, qui en ſe ſéchant vers l'Automne, ſe ſéparent de leurs *Tiges* & ſe répandent, emportés par le vent, dans les *Plaines*, à l'inſtar des autres *Végétaux* des Stépes de l'eſpéce des *Gypſophila paniculata*.

126. (*Thlaspi ſaxatile*.)

Sur les Cimes de *Tſchadir-dagh* & parmi les Rochers de *Soudak*, & fleurit en Juin.

127. (*Hibiſcus Trionum*.)

Dans les bas-fonds de *Soudak* le long d'*Alma*, & de *Baktſchiſſaraï*, & fleurit en Juillet.

128. (*Campanula petræa*.)

Dans les *Montagnes boiſées* de *Soudak*, & fleurit en Juin.

129. (*Bupleurum retundifolium*, de L.)

Dans toutes les *Montagnes boiſées* maritimes & dans quelques endroits de la *Presqu'île de K.*, & fleurit en Mai & Juin.

130. (*Sonchus Oleraceus*.)

Dans les lieux humides autour des jardins, & fleurit en Juin.

131. (*Aſter Sibiricus*.)

Dans les montagnes maritimes, & fleurit en Juillet.

132. (*Anagallis arrenfis.*)

Dans les rochers de *Soudak*, & fleurit en Juillet.

133. (*Convolvulus lineatus.*)

Dans les *Montagnes* de *Soudak*, & fleurit en Juin.

134 (*Cnicus fpinofiffimus.*)

Dans les *Vallées maritimes*, & fleurit en Juillet.

135. (*Verbena officinalis*, de L.)

Dans les *Prairies* des Vallées, & fleurit en Juin.

136. (*Alisma plantago ag.* de L.)

Dans les Bas-fonds maritimes, aux bords des rivieres.

137. (*Veronica incana*, de L.)

Sur les cimes des *Montagnes de devant*, & fleurit en Juin, & pour la feconde fois, en Octobre.

138. (*Centaurea montana*, de L.)

Dans les montagnes de *Caraffou-bazare* & *d'Inkerman*, & fleurit en Juillet.

139. (*Sifymbrium altiffimum.*)

Sur les *Montagnes Craieufes* de *Caraffou-bazare*, & fleurit en Juillet.

140. (*Scabiofa ochroleuca.*)

Sur les mêmes *Montagnes*, & fleurit en Juillet.

141.

141. (*Thymus Acynus.*)
Dans les *Vallées* & dans les *Montagnes*, fleurit au commencement de Juillet.

142. (*Antirrhinum Elatine.*)
Aux bords d'*Alma*, & fleurit en Juillet; ainſi que le ſuivant.

143. (*Antirrhinum.*)

144. (*Ranunculus lanuginoſus*, de L.)
Dans les lieux humides des bois & autour des jardins, & fleurit en Juillet.

145. (*Sium latifolium.*)
Aux bords d'*Alma* & aux environs d'*Inkerman*, & fleurit en Juin.

146. (*Ballota alba.*)
Le long d'*Alma* & aux environs de *Baktſchiſſaraï*, & fleurit en Juillet.

147. (*Galeopſis Ladanum.*)
Avec la précédente, en tout, ainſi que la ſuivante.

148. (*Lycopus Europæus.*)

149. (*Polygonum perſicaria.*)
Dans tous les Lieux humides autour des jardins, & fleurit en Juillet.

150. (*Crespis fœtida.*)
Aux bords d'*Alma* & des autres Rivieres, & fleurit en Juillet.

151. (*Centaurea ſolſtitialis.*)

Dans

Dans toutes les *Vallées* & la *Presqu'ile de K.* & fleurit en Juin & Juillet.

152. (*Centaurea Calcitrapa.*)
En tout avec la précédente.

153. (*Seratula arvenſis*, de L.)
Dans les *Vallées* & les *Paines*.

154. (*Ruta linifolia*, de L.)
Sur le chemin d'*Achmetſchet* à *Baktſchis-ſaraï*, & fleurit en Juillet. Cette Eſpece diſtinguée de *Ruë* croît, pour la plupart, en *Eſpagne* & autres climats chauds. Elle eſt beaucoup plus petite que la *Ruë* ordinaire: ſes *Tiges*, minces & fourchues, rampent ſur le *Sol* & ne ſont rameuſes qu'en haut. Des *Folioles* touffues, menues, oblongues, garniſſent ces *Tiges* depuis le bas juſqu'en haut preſque, & ſont fermes & ſolides, ayant le goût de la *Feuille d'Orange*. Les *Rameaux* elevés, forment des fourches aux côtés & des petites *Fleurs* jaunes aux extremités, chacune compoſée de cinq feuilles.

155. (*Carlina vulgaris*, de L.)
Dans les *Montagnes maritimes* & dans les *Vallées*, & fleurit en Juin.

156. (*Sonchus paluſtris.*)

Dans

Dans les Bas-fonds, le long des rivieres, & fleurit en Juillet.

157. (*Lactuca Scariola.*)

Aux environs de l'embouchure de *Catfcha*, & fleurit en Juillet.

158. (*Lactuca virofa*, de L.)

Avec la précédente.

159. (*Carlina lanata.*)

Dans toutes les *Montagnes maritimes* aux
environs de *Baktfchiffaraï*, & fleurit en
Juillet. Elle ne fe rencontre nulle autre
part en *Ruffie*, & n'eft commune qu'en
Italie. Ses petits *Buiffons* ont un demi
archine de hauteur, & fes *Tiges* folides &
ligneufes, s'élevent droit & font couvertes
d'un duvet blanc. Ses *Feuilles* alternent,
font très minces & confiftent en aiguilles
fines, pofées par paire le long de leurs
petites *Queues*: elles font vertes en haut,
& blanches avec du duvet en bas. Aux
bouts des *Tiges* capitales, paroiffent une
ou deux *Fleurs* rouges, dont la partie inférieure eft formée de longues *Aiguilles*
d'un rouge foncé.

160. (*Plantago Maritima.*)

Aux bords de la *Mer Noire* près de Koslow, & fleurit en Juillet.

161.

161. Chanvre fauvage. (*Cannabis fativâ.*)

Aux bords d'*Alma*, de *Catfcha*, de *Cábartha* & dans la *Partie montueufe*. Il croît extrêmement haut, & fes *Tiges* font quelquefois auffi groffes que celles du *Chanvre cultivé*.

162. (*Salvia glutinofa.*)

Dans les *Montagnes boifées maritimes*, & fleurit en Juillet.

163 (*Cnicus acarna.*)

Aux environs d'*Inkerman* & ailleirs, & fleurit en Juillet.

164. *Ariftolochia rotunda.*

Aux environs de l'embouchure de *Cabartha*, dans les jardins & les Bois, & fleurit en Juin.

165. (*Euphrafia odontites.*)

Le long de *Catfcha* en defcendant, & aux environs d'*Inkerman*, & fleurit en Juillet.

166. (*Euphrafia officinalis.*)

Tout au fommet des *Montagnes maritimes*, & fleurit en Juin.

167. (*Antirrhinum linifolium.*)

Dans les *Montagnes d'Inkerman*, & fleurit en Juillet.

168. *Urtica pilularia.* (*Ortie Romaine*, en R.)

Dans

Dans les mêmes *Montagnes*.. Elle fe diftingue des autres efpeces d'*Orties*, par fa *Semence* qui reffemble à des *Pilules*, renfermées dans de petites bourfes velues; d'où on la nomme *Ortie de Pilules*.

169. (*Prenanthes viminea*.)

Avec la précédénte, & fleurit en Juillet.

170. (*Amaranthus viridis*, de L.)

Dans les mêmes endroits & dans d'autes *Montagnes*.

171. (*Sedum flellatum*.)

Parmi les *Roches* dans les *Montagnes*, & fleurit en Juillet.

172. (*Gypfophila perfoliata*, de L.)

Le long de la côte près de *Koslow*, & fleurit en Juillet.

173. (*Sifymbrium filveftre*, de L.)

Dans les lieux humides d'*Inkerman*, & fleurit en Août.

174. (*Sifymbrium Lœfelii*.)

En tout avec le précédent.

175. (*Alyffum halimifolium*.)

En tout avec le précédent. Ses *Feuilles* font oblongues & pointues au bout.

176. (*Mentha gentilis*, de L.)

Dans les lieux humides le long des rivieres. Elle eft très odorante & fleurit en Août.

177. (*Eupatoriium trifoliatum.*)

Dans les lieux humides de la partie mé-ridionale des *Montagnes* & le long de la côte, fleurit en Août.

178. (*Dipſacus laciniatus.*)

Aux bords des rivieres qui ſe jettent dans la *Mer*, & fleurit en Juin.

179. (*Alyſſum montanum.*)

Dans les *Montagnes* près de *Balouclava*, & fleurit en Juillet.

180. (*Salvia verticillata.*)

Dans les *Montagnes maritimes*, & fleurit en Août.

181. (*Heracleum Auſtriacum.*)

Dans les *Montagnes de Balouclava*, & fleurit en Juin.

182. (*Allium paniculatum*, de L.)

Dans les *Montagnes de Roche* entre *Ba-louclava* & *Yalta*, fleurit en Août.

183. (*Allium ampelopraſum.*)

Dans la *Presqu'ile de K.* & dans quelques endroits de la *Partie montueuſe*, & fleurit en Juin.

184. *Allium tenuiſſimum.*

Sur

Sur les cimes des *Montagnes maritimes*, & fleurit en Août.

185. (*Allium carinatum.*)

Aux environs de *Soudak*, & fleurit en Juillet.

186. (*Bupleurum ranuncoloïdes.*)

Dans les *Montagnes maritimes*, & fleurit en Août.

187. (*Hieracleum fabaudum.*)

Dans les mêmes *Montagnes*, & fleurit en Juillet & Août.

188. (*Arctium carduelis.*)

Dans les *Montagnes* entre *Balouclava* & *Yalta*, & fleurit en Août.

189. (*Euphorbia falcata*, de L.)

Dans les lieux ombragés des *Montagnes maritimes*, & fleurit en Août.

190. (*Pteris aquilina.*)
Dans les *Forêts* de *Yalta*.

191. (*Trifolium lappaceum.*)

Dans les *Montagnes boïfées* entre *Gaspra* & *Yalta*.

192. (*Teucrium montanum.*)

Tout au fommet des *Montagnes* de *Yalta*, & fleurit en Août.

193. (*Ne-*

193. (*Nepeta nuda.*)

Dans les *Foréts* de *Yalta* & ailleurs, & fleurit en Juillet & en Août.

194. *Statice Echinos.* (*Herbe hériffon*, en R.)

Sur une feule *Montagne* près du village de *Temerdji*, & nulle autre part en *Ruffie*: le vrai lieu natal de cette étrange *Plante*, eft l'*Afie*. Ses petits buiffons arrondis, rampans & à aiguillons, reffemblent à un *Hériffon* pélotonné; & c'eft de là que lui vient fon nom *Ruffe*. Ses *Feuilles* menues, denfes & pointues par les bouts. reffemblent à celles du *Genevrier*. Les *Fleurs* paroiffent au milieu d'elles; elles font blanches & répandues fur tous les *Rameaux*, qui d'ordinaire n'ont pas un demi archine d'élévation.

195. *Ciftus Italicus*, de L.)

Cette *Plante*, indigène dans l'*Italie* presque feule, ne fe trouve nulle part ailleurs en *Ruffie*. Elle a moins d'un quart d'*archine* de hauteur. Sa *Racine* pouffe une petite *Tige* droite, qui contient aux côtés de longs *Rameaux* fourchus & rougeâtres, Ses *Feuilles* menues, font ovales autour

de

de la *Racine*, oblongues à la partie fupérieure, & chevelues de deux côtés. Les
Fleurs au bout des *Rameaux* & de la *Tige*,
font difpofées en grappe, d'un jaune clair
& reffemblent à celles des autres efpeces
de cette *Plante*.

196. (*Gnaphalium Sylvaticum.*)
Dans les mêmes *Montagnes* & fleurit en
Août.

197. (*Draba incana.*)
Sur les cimés de toutes les *Montagnes
maritimes.*

198. (*Ceratocarpus arenarius.*)
Sur les *Montagnes maritimes argileufes.*

199. (*Aftragalus contortuplicatus.*)
Dans les *Vallées*, & fleurit en Septembre.

200. (*Aftragalus glaux.*)
Dans les mêmes endroits, & fleurit en
Juin; & pour la feconde fois en Sep-
tembre.

201. (*Sinapis lævigata.*)
Dans les *Vallées* & fur les *Montagnes*,
fleurit en Juin & en Septembre.

202. (*Scrophularia orientalis*, de L.)

Aux

Aux bords des ruiffeaux qui fe rendent dans la *Mer*, & fleurit en Août.

203. (*Lapfana Zacintha.*)

Dans les bois touffus maritimes, & fleurit en Juillet & Août.

204. (*Atriplex halimus*, de L.)

Aux bords de *Sivafche*, & autour de quelques *Lacs falés*.

205. (*Pyrola fecunda*, de L.)

Dans les bois touffus maritimes, & fleurit en Août.

206. (*Asplenium trichomonoides*, de L.)

Sur les cimes de *Tfchadir-dagh*, dans les fentes des rochers.

207. (*Osmunda lunaria* de L.)

Sur les cimes de *Tfchadir-dagh*, & fur quelques autres des *Montagnes maritimes*.

208. (*Marchantia polymorpha.*)

Dans les roches aux environs de la même montagne.

209. (*Lichen caninus*, de L.)

Sur les roches des hautes *Montagnes maritimes*.

210. (*Lichen pulmonarius*, de L.)

Sur les *Hétres* des hautes *Montagnes boifées*.

211. (*Ulva umbilicalis.*)

La Mer en rejette souvent en abondance aux environs de *Kertsch* & autres endroits. On en rencontre aussi dans l'*Océan*: c'est une matiere blanche, transparente, tremblante comme de la gelée. Sa forme ressemble à une *Coupe* renversée, avec une grosse *Tige* au milieu. Dans quelques langues on la nomme *Nombril de Mer.*

212. (*Ulva intestinalis*, de L.)

On en rencontre le plus dans le port de *Sevastopolsk* & près de *Balouclava.* Elle est de la même nature que la précédente, & n'en differe que par l'apparence, étant composée de différens gros *Tuyaux* en forme de *Boyaux.* Elle se trouve dans toutes les *Mers.*

213. (*Fucus furcellatus.*)

La *Mer* le rejette aux environs d'*Ouskuth.* Il consiste en *Rameaux* très fins, ressemblans à des *Fils*, & qui se partagent au bout en deux. Il est rougeâtre au commencement, & devient noir en se séchant. Dans les autres *Mers*, les côtes de l'Angleterre en recoivent le plus.

214.

214. (*Fucus rubens.*)

Dans les mêmes lieux, & dans l'*Océan*
auſſi. Ses petites *Feuilles* ſont longues,
minces, recoquillées & d'un rouge foncé

FIN DE LA DEUXIEME
PARTIE.

3ᵉ PARTIE.

Du Regne Animal.

———————

Les *Animaux* de la *Tauride*, à l'exception de ceux qui font domiciliés dans fes *Mers* environnantes, font pour la plupart de la même efpece que ceux qui habitent les autres parties méridionales de la *Ruffie*. Mais pour la connection phyfique des parties de la *Tauride*, il eft néceffaire d'indiquer ici en général, quelles font nommément les races qui s'y trouvent, & où chacune d'elle fe rencontre le plus.

Les Bêtes fauves,
et
Les Animaux Marins.

1°. Chevaux fauvages. (*Equus ferus.*)
Ils fe trouvent dans les plaines, entre le *Dnieper* & *Pérécope*; mais deja en moindre quantité

quantité qu'autre fois , lorsque le paffage par ces lieux n'étoit pas encore auffi fréquenté.

Ils fe trouvent auffi dans les autres deferts méridionaux de la *Ruffie*.

2. Antilopes. (*Hircus recurvis cornibus*) *Antelope* , en Anglois.

Dans les mêmes endroits, & fe montrent en grands troupeaux; furtout en hiver.

3. Les Cerfs. (*Cervus Elaphus* , de Linné) Hart.

Suivant les *Tartares* , ils vivent dans les bois de la montagne de *Tfchadir - dagh* , mais pas en grand nombre.

4. Daims. (*Cervus Dama* , de Linné) *The Fallow - Deer*.

On les rencontre en affez grand nombre dans toutes les *Montagnes boifées*.

5. Les fangliers (*Sus fcrofa* , de Lin.) *The common Hog*.

Aux bords du *Dnieper* , & dans les montagnes de *Soudak* , d'*Aloufchta* & de *Balouclava* ; mais dans ces derniers ils font provenus des *Cochons domefliques* , délaiffés par les *Grecs* tranfplantés en *Ruffie*.

6. Les Loups. (*Canis lupus*.) *Wolff*.

En quantité dans toutes les plaines de la

pres-

presqu'ile de *Kertſch*, de l'Iſle de *Taman*, de l'*Iſthme d'Arabat*, & dans la *Partie Montueuſe* même, mais en plus petit nombre. Ils ſont plus petits que ceux des pays ſeptentrionaux.

7. Lés Rénards. (*Canis Vulpes*, de Linné.) *Fox.*

Partout, en quantité, & ne différant en rien de ceux des pays ſeptentrionaux. Aux environs de *Yenicalé*, & rarement dans la *Partie montueuſe*, on en rencontre de bruns-noirâtres.

8. Les Blairëaux. (*Urſus meles*.) *Badger.*

Dans les plaines & dans les montagnes; mais pas en quantité.

9. Les Lievres. (*Lepus timidus*, de Lin.) *Haſe. Hare.*

Par tout, & dans les plaines comme dans les montagnes; mais dans le *Taman*, en aſſez grande quantité; & davantage encore dans l'Iſthme d'*Arabat*, où les ſables inhabités, leur fourniſſent un azile tranquille.

10. Les Fouines. (*Muſtela-martes*, de Lin.) *Yellow breaſted Marten.*

On les rencontre mais rarement, dans les montagnes aux environs d'*Ouskuth*.

11. Les

11. Les Putois. (*Muſtela - putorius.*) *Pole - cat fitcher.*

Aux environs de *Yenicalé*, & dans quelques endroits de la *Partie montueuſe.*

12. Grande Gerboiſe. (*Mus jaculus.*) *Jerboa.*

Dans les plaines & dans les vallons des montagnes ſeptentrionales. Mais, ainſi que dans d'autres endroits de la *Ruſſie*, elles quittent rarement de jour leurs terriers.

13. Les Souffliks. (*Mus Citillus*, de Linné.)

En quantité dans les plaines, & dans quelques vallées.

NB. (Dans l'Hiſtoire Naturelle du célébre Comte de Buffon, cet Animal eſt nommé *Solilek*. Mais c'eſt une erreur typographique : on ſait que ce grand Naturaliſte vouloit lui conſerver le nom *Ruſſe*.)

14. Les Muſaraignes. (*Sorex araneus.*) *Shrew. Mouſe.*

Dans les Jardins des environs de la *Mer*.

15. Les Chauves Souris. (*Veſpertilio murinus.*). *Common Bat.*

Elles vivent, ainſi que dans les autres contrées, dans les villes & habitations &c.

16. Les

16. Les Marſouins. (*Delphinus Phocæna*, de Lin.) *The porpus, porpoiſe.*

Dans les Mers *Noire* & d'*Azow*, & dans le *Détroit de Yenicalé*, en grande quantité même. Ils ſe montrent ſouvent en grandes bandes à la ſuperficie de l'eau, & ſont d'une grandeur remarquable; car il n'eſt par rare d'en voir qui ont plus d'une *Sajene* de longueur. Au reſte ils ſont aſſez connus dans les autres *Mers Européenes*.

17. Les Veaux marins. (*Phoca vitulina*.) Com-mon *Seal*:

Dans les Mers *Noire* & d'*Azow*; mais ils ne ſe montrent guere près des bords, qu'au port de *Sevaſtopolsk* où on les voit plus ſouvent qu'ailleurs.

Une particularité digne d'être remarquée, eſt, qu'il ne ſe trouve point d'*Ours* dans toute la Contrée de la *Tauride*, quoiqu'ils euſſent pu s'y procurer un azile aſſuré dans les montagnes boiſées, & qu'il n'y ait aucune cauſe phyſique qui les en empêchât.

LES ANIMAUX DOMESTIQUES.

1. Les Dromadaires. (*ou les Chameaux à deux bosses.*)

Ils font entretenus en affez grande quantité dans les *Plaines* qui s'étendent de *Pérécope* à *Salghire*, & fur tout dans le diftrict de *Koflow*; ainfi qu'aux environs de *Kertfch*.

2. (*Les Chevaux.*)

Tous les habitans en ont. Ils font tous d'une même race, & d'une taille médiocre; mais plus faits pour être montés que pour tirer.

3. *Les Mules.*
4. *Les Anes.*

Entretenus feulement aux environs de *Baktfchiffaraï*, & pour la plupart par les juifs domiciliés à *Djoufout-Kalé*.

5. (*Les Buffles.*)

Dans différens endroits, mais plus à *Baktfchiffaraï*.

6. (*Les Boeufs & les Vaches.*)

Partout en quantité. En général ils font d'une taille médiocre; mais dans quelques endroits il s'en trouve auffi de la grande efpece de la *Petite Ruffie*. On employe

les

les *Boeufs* à la charrue & pour tirer; & afin qu'ils puiffent tirer plus aifément dans les *Montagnes de Roches*, les *Tartares* les font ferrer comme des chevaux.

7. (*Les Chevres.*)

Partout en quantité, & particuliérement dans les *Montagnes*. Leur *Laine*, contre l'ordinaire, eft longue & épaiffe.

8. (*Les Brebis.*)

Partout en quantité remarquable. Elles reffemblent beaucoup à celles des *Kalmouks*; mais elles en different par la petiteffe de leur taille & par leur queue, qui eft tout auffi groffe & large en haut que celles des *Brebis* des *Calmouks*; mais qui eft mince & étroite vers le bas: leur *Laine* eft auffi beaucoup plus douce. Communément, elles font blanches, mais vers le haut de *Salghir* & le long d'*Alma*, on en rencontre quantité de noires dans les *Montagnes*, dont les *Peaux* des *Agneaux morts-nés*, ne cedent en rien à celles des *Kalmouks*. Et à commencer de *Koflow*, dans toute la pointe de *Tarchan*, jusqu'à *Pérécope*, on rencontre la race des *Brebis* grifes, dont les *Peaux* font célébres partout, & qui forment un produit particulier de la contrée de la Tauride.

Cette

Cette race eſt entretenue auſſi dans d'autres endroits, à *Kertfch* & le long de *Sivaſche*; mais les *Peaux* n'y ſont pas ſi belles.

Mais dans la *Partie montueuſe*, cette race dégénére entiérement, ſuivant les obſervations des habitans; ce qui n'eſt probablement dû qu'à la différence de la nourriture & à la nature du local.

Les environs de *Koſlow*, & plus loin juſqu'à *Pérécope*, où cette race proſpére, ſont des plaines raſes & unies. La terre y abonde en parties *Salines*, & la nourriture conſiſte auſſi pour la plupart, en *Plantes Salines*, comme, p. e. l'*Abſynthe*, l'*Arroche* & autres ſemblables. De pareilles circonſtances locales, contribuent en général, à ameliorer les pâturages des *Brebis*, ainſi qu'on l'a aprofondi par expérience dans les autres *Stépes* méridionales de la *Ruſſie*. Par conféquent ces fortes de lieux devroient être preférablement peuplés par cette race *griſe*.

Pour ce qui regarde la différence dans la couleur & dans la bonté de leur *Laine*, obſervée à peu de diſtance même de-là, & où le local eſt abſolument le même, comme p. e. dans le Diſtrict de *Sivaſche*; il eſt à croire qu'elle ne provient que du peu de ſoins

que

que les habitans s'y donnent de féparer cette race *grife*, des autres races. Son entretien eft partout le même: ainfi que les autres *Animaux domeftiques*, ces *Brebis* paiffent toute l'année dans les champs, & ne font ramenés à la maifon pour la nuit qu'en hiver ou pendant les *Ouragans*.

Les expériences faites jusques à préfent pour la multiplication de cette race de *Brebis* dans d'autres endroits voifins de la *Ruffie*, n'ont point eu de fuccès, fuivant l'aveu de ceux qui les avoient entreprifes. Elle y dégénére: d'où il faut conclure que l'air influe auffi fur la qualité de leur *Laine*. Au refte, il fe peut auffi que les lieux deftinés à ces experiences, n'étoient pas de la même nature que ceux de *Koflow*; auquel cas il vaudroit la peine de renouveller ces expériences.

Les Habitans de la *Tauride* entretiennent auffi des *Chats* & des *Chiens*, comme dans les autres pays. Parmi les *Chats*, on trouve une certaine grande race, grifâtre, ou bleuâtre, qu'on voit rarement ailleurs. Quant aux *Chiens*; ce font ceux de la race des *Mâtins* & de celle des *Lévriers*. Ces derniers font plus légers à la courfe que les *Lévriers* ordinai-

ordinaires, & fe diftinguent auffi d'eux, par la petiteffe de leur taille & par la douceur de leur *poil*.

LES OISEAUX.

1°. Vautour des Alpes (*Vultur Alpinus*, de Linné.)

On le voit, mais rarement, tout aux fommets des hautes *Montagnes* maritimes. Il eft plus grand que l'*Aigle* commun. Sa tête & le col, font couverts d'un fimple duvet, fans aucune plume. Le dos noirâtre tirant fur le jaunâtre; la poitrine & toute la partie inférieure du corps, gris - foncé avec des tâches noirâtres. Comme il fe tient le plus communément dans les *Alpes*, on lui en a donné le furnom.

2. Vautour d'Egypte. Le Percnoptere (*Vul-tur Percnopterus*, de Lin.)

On le voit auffi fur les cimes des hautes *Montagnes* maritimes, & il mérite d'autant plus d'être remarqué, qu'il ne fe rencontre nulle autre part en *Europe*: fon principal domicile eft l'*Egypte*, & quelques endroits de l'*Afie*. Il eft beaucoup plus petit que

 l'*Aigle*

l'*Aigle* commun. Sa tête eft toute chauve, couverte d'une peau jaunâtre, fans aucune plume. Le mâle eft tout blanc, excepté les ailes, qui font noirâtres; & la femelle eft noire. Il eft probable qu'il ne vient qu'occafionellement dans la *Tauride*, puisqu'on l'y rencontre fi rarement.

Il rend un affez grand fervice aux habitans de l'*Egypte*, en les débaraffant des corps morts qui y reftent après l'inondation du *Nil*; & c'eft aux environs du *Caire* qu'il vit le plus.

3. L'Aigle. (*Falco fulvus*, de Lin.)

En quantité entre le *Dnieper* & le *Péré-cope*, & aux bords de la *Mer*.

4. Bufard. (*Falco æruginofus*.) *Buzzard. Sput-tok.*

On le rencontre, pour la plupart, dans les plaines feulement.

5. Milan Noir, ou Milan Royal. (*Falco mil-vus*, de Lin.) *Kite. Glead.*

Partout en quantité.

6. Crefferele. (*Falco Tinnunculus*.)

Dans la partie montueufe, en quantité.

7. Hibou. (*Strix bubo*, de Lin.) *Eagle owl.*

Pour la plupart aux environs de *Pérécope*.

8. La grande Chouette blanche. (*Strix Nyctea*.)

En

En grande quantité dans les jardins, &
autour de toutes les habitations: en été
fa voix défagréable fe fait entendre pendant toute la nuit.

9. Pie - grieche (*Lanius excubitor*, de Linné.)
Shrike. Butfcher - Bird.

Dans la partie montueufe & dans les
plaines.

10. Pie - Grieche rouffe. (*Lanius Collurio*,
de Lin.) *Redbacked Shrike.*

Dans les mêmes endroits. (Les Ruffes
l'appellent *Pie des Tartares.*)

11. Corneille moiffoneufe (*Corvus frugilegus.*)
Rook.

Elle fe tient au commencement du Printems fur les *Champs* labourés.

12. Le Corbeau. (*Corvus Corax* , de Lin.)
Raven.

On le rencontre le Printems dans les
hautes *Montagnes maritimes.*

13. La Corneille emmantelée. (*Corvus Cornix.*)
Hooded Crow.

Partout.

14. Le Choucas. (*Corvus monedula*, de Lin.)
Jacdaw.

Dans les *Champs* & dans les *Jardins.*

15. La Pie. (*Corvus pica.*) *Magpy.*

En quantité autour des habitations; il fait beaucoup de dommages aux fruits des *Jardins.*

16. Coracias. (*Coracias Garrula.*)

Partout en quantité.

17. Le Loriot. (*Oriolus Galbula.*) *The golden Thrush.*

Se rencontre quelquefois dans les bois & dans les *Jardins.*

18. Le Coucou. (*Cuculus canorus.*) *Cuckoo.*

Dans les *Jardins* & dans les *Bois.*

19. Grand-pic noir. (*Picus Martius.*) *Great black Woodpecker.*

Dans les *Montagnes boisées;* avec le fuivant.

20. Grand-pic varié. (*Picus Varius.*) *Great Spotted Woodpecker.*

21. Le Guêpier. (*Merops apiaster.*)

Dans les *Montagnes argileuses maritimes,* & dans les environs de *Baktschiſſaraï.* Pendant les jours chauds de l'Eté, ils volent, pour la plupart vers le foir, par bandes comme les *Martinets.* C'eſt une des belles efpeces d'Oiſeaux, repandue dans toute la partie méridionale de la *Ruſſie.* A l'exception

ception du dos, qui eſt brunâtre, il eſt presque tout verd-clair, avec un col jaune.

22. La Huppe. (*Upupa Epops*, de Lin.) *The Hoopoc.*

En quantité dans la *Partie Montueuſe* & dans les *Plaines*.

23. Le Geai. (*Corvus glandarius.*) *Jay.*

Dans les *Jardins* & les *Bois*.

24. Le Cygne. (*Anas Cygnus* de Lin.) *Swan.*

Il ſe trouve au Printems & en Automne autour des bords de la *Mer-Noire* & de celle d'*Azow*,

25. Tadorne. (*Anas tadorna*, de Lin.) *Canard de Montagnes*, en Ruſſe,

On le rencontre pendant tout l'Eté aux environs des *Lacs Salés* & des Lieux maritimes, en aſſez grande quantité. C'eſt une des belles eſpeces de Canards, qui ſe trouve auſſi dans les autres parties méridionales de la *Ruſſie*. Il eſt un peu plus grand que le *Canard Domeſtique*, ſa tête & ſon col ſont d'un bleu-changeant, & la poitrine d'une rougeâtre tirant ſur le jaune, tout le reſte presque du corps eſt blanc. Le mâle a une groſſe protubérance rouge en forme de corne ſur le nez, & ſes pieds,

R 3

ainſi

ainsi que ceux de la femelle, sont rouges. Celle-ci niche dans des trous souterreins, & vit plus sur terre que sur l'eau; d'où lui vient le nom *Russe* de *Canard des Montagnes*.

26. Oye sauvage. (*Anas Anser*, de Lin.)

Dans toutes les plaines, en quantité, au Printems & en Automne.

27. Canard Sauvage. (*Anas Boschas*, de Lin.) *Duck.*

Pendant tout l'été, aux environs des *Lacs Salés* & de la *Mer*, ainsi que le suivant.

28. Le Garrôt. (*Anas Clangula*.) *Golden Eye.*

29. La petite Sarcelle. (*Anas crecca*.)

Pendant tout l'été aux environs de l'embouchure de *Salghire*.

30. Petit harle hupé. (*Mergus albellus*, de Lin.) *Smew. M.*

Pendant tout l'été, aux environs des *Lacs Salés*, ainsi que le suivant.

31. Canard terrier roux. (*Anas rutila*.)

32. Oye à collier & à gorge rousse. (*Anser pulchricollis*.)

Se tient dans les mêmes endroits que le précédent, mais il est rare.

33. (Pe-

33. Pélican. (*Pelicanus Onocrotalus.*)

En quantité pendant l'été, dans le *Dé-troit de Yenicalé.*

34. Le grand Cormoran. (*Pelecanus Carbo.*) *Shagg, puffin.*

Enfemble avec le précédent.

35. Grand Goeland. (*Larus Canus major.*) Com-mon gull.

Aux bords de la *Mer Noire* & de *Siva-fche;* ainfi que le fuivant.

36. Nonnete. (*Larus atricilla.*) |great *Titmouſe.*

.7. Hirondelle de Mer. (*Sterna hirundo.*)

Enfemble avec les précédens, & aux environs des *Lacs Salés.*

38. La Demoifelle de Numidie. (*Ardea Virgo.*) *grue des Montagnes,* en Ruffe.

Elle fe trouve en quantité aux environs des *Lacs Salés* de *Pérécope* & de *Koflow,* &. fe rencontre auffi dans les autres par-ties méridionales de la *Ruffie.* Elle eft plus petite que la *grue* commune, à qui elle reffemble beaucoup par la couleur, à l'exception de la tête & du col, qu'elle a noirs, & couverts de longues plumes minces. Ses yeux rouges ont des bou-quets de plumes blanches & longues à côté de chacun, qui pendent en arriere. Au

                          refte,

reſte, elle a en général, un bel air, &
s'aprivoiſe ſi bien dans là domeſticité, qu'à
Aſtracan elle niche même dans les maiſons.
Mais elle ſupporte très difficilement le froid,
& on doit la garder dans un lieu chaud
en hiver. Sa voix eſt extrêmement fine,
& ſon cri differe de celui de la *grue* commune.

39. Spatule. Palette. (*Platalea leucorodia.*)

Dans les lieux maritimes, pendant tout
l'été.

40. La Cigogne noire. (*Ardea ignea.*)

Vers le bas d'*Alma* & le long de *Catſcha*,
ainſi qu'aux environs des *Lacs Sálés*, en
Eté.

41. Le Héron bleu. (*Ardea cineria*, de Linné.)
Common Heron.

Aux bords des rivieres, pendant tout l'Eté.

42. Le grand Courtier. (*Scolopax arquata.*)
Dans toutes les *Plaines.*

43. Le Chevalier. (*Scolopax Calidris*, de Lin.)
Aux Bords de *Sivaſche*, & aux environs
d'*Arabat.*

44. La Bécaſſe. (*Scolopax Gallinago.*) *Common
Snipe.*

Dans les *Vallées* & dans les *Montagnes*
boiſées de *Batouclaya.*

45. Le

45. Le Bécasseau. (*Tringa Chloropos.*)
Dans tous les lieux maritimes.

46. L'Huitrier. (*Hæmatopus Oftralega.*) Oy-
fter - Catcher.
En affez grande quantité, & pendant
tout l'été, fur l'Ifthme d'*Arabat.*

47. L'Echauffe. (*Charadrius himantopus.*)
Enfemble avec le précédent.

48. L'Outarde. (*Otiftarda*, de Lin.) *great
Buftard.*
En quantité dans toutes les *Plaines,* &
dans la Presqu'ile de *Kertfch.*

49. La Canepetiere. (*Otis tetrax.*)
En quantité dans les *Plaines* & dans les
lieux montueux.

50. Le Vaneau. (*Tringa vanellus.*) *Lapwing.*
Partout en quantité.

51. La Perdrix. (*Tetras perdrix.*) *Partridge.*
Dans les *Vallées* & dans les *Plaines,* en
quantité.

52. La Caille. (*Tetras Coturnix.*) *Quail.*
Dans la *Partie Montueufe*, dans les
Plaines & Paturages, en quantité.

53. Le Bifet ordinaire, (*Columba ænas.*)
Dove.
Partout, en quantité, ainfi que le fui-
vant.

54. (Pi

54. Pigeon Ramier.   (*Columba palumbus.*)
   Queeft.

55. La Tourterelle. (*Columba turtur*, de Lin)
   Turtle - dove.
      Dans les *Bois* & les *Jardins.*

56. L'Aloüette à l'aile blanche. (*Alauda leu-*
   coptera, de Lin.) *Lark.*
      Dans toutes les *Plaines* & *Vallées* en
   quantité. Elle differe de l'*Aloüette* commune par fa grandeur & par fes aîles blanches.

57. L'Aloüette huppée. (*Alauda Criftata.*)
      Enfemble, avec la précédente.

58. L'Etourneau (*Sturnus Communis.*) *Stare.*
      En grande quantité dans toutes les *Plai-*
   nes & *Vallées.*

      Il eft à obferver que cet oifeau con-
   ftruit au Printems fon nid fous les toits
   des habitations, à l'inftar des *Moineaux*;
   ce qui ne fe voit nulle part ailleurs, &
   provient, probablement, de la tranqui-
   lité & de la Sureté dont il jouit de la part
   des habitans. Mais en Automne il caufe
   de grands dommages aux fruits mûrs des
   Jardins, & particuliérement aux *Raifins*,
   dont il eft fort apre.

                         59. La

59. La Grive. (*Turdus pilaris.*) *Tiel-fate.*
Thrufh.

Dans les *Bois* & les *Jardins*, & furtout dans les *Vignes* des environs de la *Mer*.

60. Merle. (*Turdus merula.*) *Black-bird.*
Pour la plupart dans les *Bois*.

61. Merle Couleur de rofe. (*Turdus rofeus.*)

Dans différens endroits de la *Partie Montueufe* & dans la *Presqu'ile de Kertfch*. On le trouve auffi dans d'autres Contrées de la *Ruffie*, & particuliérement vers le bas du *Volga* & du *Don*. Sa tête eft d'un bleu changeant, les aîles & la queue noirs, & le refte du corps couleur de rofe. Sa taille eft comme celle de la *grive* ordinaire; mais autant il eft beau par fon plumage, autant il eft peu agréable·par fon chant.

62. Pinçon. (*Fringilla cælebs.*) *Chaf-finch.*
Partout en quantité, dans les *Bois* & & les *Jardins*.

63. Le Chardonneret. (*Fringilla Carduelis.*)
Gold-finch.

Dans les *Bois* & les *Jardins*, ainfi que le fuivant.

64. Le Tarin. (*Fringilla Spinus.*) *Siskin.*

65. Le Bruant. (*Emberiza Citrinella.*) *Yellow Bunting.*

Il fe rencontre, vers l'Automne, dans les *Vallées*.

66. Le Roffignol. (*Motacilla Lufernia.*) *Nichtingale.*

Dans les *Bois* & les *Jardins* proche de la *Mer.*

67. Rouffequeue. (*Motacilla Erith.*)

Dans les *Jardins* & *Bois* proche de la Mer.

68. Hochequeué. (*Mottacilla alba.*) *White Wagtail.*

En quantité dans toutes les *Vallées*.

69. Le Petit Traquet. (*Mottacilla Rubetra.*)

Da s les *Montagnes de Roche.*

70. Le Traquet. (*Motacilla ænanthe.*) *Goldfinch. Pied-fly-catcher.*

Dans les *Plaines* & *Vallées*.

71. Le Pouillot. (*Motacilla Salicaria.*)

Dans les *Bois* & *Jardins*, ainfi que le fuivant.

72. Le Méfange. (*Parus major.*) *great Titmoufe.*

73. L'hirondelle. (*Hirundo Urbica.*) *Martin.*

Ainfi que dans les autres pays, il fe trouve en quantité dans tous les lieux habités.

74. Le Martinet. (*Hirundo riparia.*) *Sand-Swallow.*

Dans

Dans les bords argileux de la *Mer Noire*, aux environs de *Pérérope*, & de *Kertfch*.

75. (*Hirundo apus.*) *Swift-Swallow.*

En été dans les *Montagnes*.

76. Moineau-franc. (*Frangilla Domeſtica.*) *Sparrow.*

Partout en quantité.

77. Tette-Chevre. (*Caprimulgus Europæus.*)

Dans les *Jardins* de la *Partie Montueuſe*.

78. Le Martinet-pêcheur. (*Alcedoiſpida*, de Linné.

Il ſe rencontre, rarement, aux environs des ruiſſeaux qui ſortent des montagnes.

Indépendamment des eſpeces d'oiſeaux que nous venons de décrire & qui reſtent presque toute l'année dans la *Tauride*, on y rencontre auſſi différens autres paſſagers, qui s'y montrent au Printems, lors de leur traverſée des contrées Méridionales aux Septentrionales, & *vice-verſa* en Automne. Mais n'en faiſant pas leur féjour conſtant, ils n'apartiennent pas aux eſpeces indigenes de la *Tauride*.

Les Poissons
Des Rivieres et des Mers
de la
Tauride.

Confidérant la fituation phyfique des contrées de la *Tauride*, il eft aifé de fe répréfenter combien elles doivent être abondantes en différentes excellentes efpeces de *Poiſſons ;* car indépendamment des grands & des petits, affectés feulement aux *Rivières*, les Mers qui environnent cette *Presqu'île*, contiennent une quantité inombrable de ceux qui communément ne vivent que dans les *Eaux Salées*, & ne fe rencontrent pour la plupart qu'aux environs des bords feptentrionaux feuls de l'*Europe*.

Plufieurs fe prennent déja actuellement dans différens endroits ; mais il en refte encore d'inconnus, faute d'inftrumens propres à la pêche, qui jufqu'à préfent a fort peu occupé les habitans ; ils fe contentent des efpeces qui fe rencontrent en plus grande abondance, & dont l'ufage leur eft plus connu.

De forte que nous ne répréfenterons ici, pour la plupart que les Poiſſons les plus connus déja ; & quelques autres efpeces qui s'y rencontrent ;

trent, mais dont on pourra conclure de quelle maniere ſenſible s'accrôitront avec le tems les connoiſſances touchant leurs diverſes eſpeces, lorsque le nombre des amateurs de la pêche s'augmentera, & qu'on ſe ſera pourvu de tous les inſtrumens néceſſaires à cette occupation. Pour diſtinguer les *Poiſſons de Rivieres* de ceux de la *Mer*, nous les indiquerons ſéparément.

POISSONS DES RIVIERES.

1. Ichtyocolle. (*Acipenſer Huſo*, de Linné.)
   Il ſe prend en quantité dans les bras de la riviere de *Cuban*, aux environs de *Taman*, & dans le *Detroit de Yenicalé*.

2. L'Eſturgeon. (*Acipenſer ſturio*.) Sturgeon.
   Dans les mêmes endroits, en abondance.

3. (*Acipenſer Stellatus*.) de Pallas.
   Enſemble avec les précédens, & particuliérement en quantité dans le *Liman du Cuban*.

4. La Carpe. (*Cyprinus Carpio*.) Carp.
   Dans le *Salghire*, & le *Sivaſche*, dans les embouchures de la riviere de *Cuban*, & dans tous les *Golfes* aux environs de *Taman*,

en

en quantité. Elle n'eft pas auffi grande que celle du bas *Volga*; mais elle eft d'un goût exquis.

5. Truite Saumonée. (*Salmo trutta.*) *Trout.*

Dans différens ruiffeaux fortant des montagnes ; mais en plus grande quantité dans le *grand* & *Petit Caraffou*, & dans le *Salghine*.

Elle reffemble à la *Truitte* ordinaire, auffi l'appelle-t-on de ce nom; mais elle en differe par la grandeur, (ayant affez fouvent ¾ d'Archine de longueur) & par la couleur de fes grandes taches fur les côtés & fur la tête, dont la plupart font noirâtres, & en partie feulement rouges, comme à la *Truitte*. A caufe de fon goût exquis, on l'a nommée, dans les contrées de la *Tauride. Poiffon du Chan.* Elle fe trouve auffi dans d'autres rivieres de l'*Europe.*

6. Barbe ou Barbeau. (*Cyprinus barbus.*) *Barbel.*

Presque dans toutes les petites rivieres descendant des montagnes. On le trouve auffi dans d'autres contrées de la *Ruffie*; & quoiqu'on en faffe ufage partout, à caufe de fon bon goût, il eft cependant réputé malfain dans la *Tauride*, où il occafionne, dit-on,

le

le vomiſſement, & la diarrhée; ce qui mérite d'autant plus d'être obſervé, qu'on attribue dans quelques écrits, la même propriété aux œufs de ce *Poiſſon* & particuliérement dans la ſaïſon du Printems.

7. Le Goujeon. (*Cyprinus Gobio.*) *Gudgeon.*

Il ſe prend avec le précédent dans toutes les petites *Rivieres.*

8. Cyprinus rutilus. (*Erythrophthalmus*, de Linné.) *Rud.*

Dans toutes les petites *Rivieres.*

9. (*Cyprinus*)

Dans le *Salghire*, & en quantité dans la *Mer d'Azow*; ainſi que dans le *Golfe de Tenicalé.*

10. Le vilain. (*Cyprinus Cephalus.*)

Dans le *Salghire*, & dans d'autres petites *Rivieres*, avec le ſuivant.

11. L'Alble. (*Cyprinus Idus.*)

12. (*Cyprinus Phoxinus.*)

On en prend le plus dans le *grand* & le *petit Caraſſou.* Il n'a pas plus d'un doigt de longueur, eſt couvert d'une peau liſſe, avec une raye d'or ſur les côtés, & une petite tache noire ſur la tête. Cette eſpece de *Goujeon* n'eſt pas connue dans les autres contrées de la *Ruſſie.*

S

Les Poissons de Mer.

1. Muge de Mer, ou Mulet. (*Mugil Cepha-lus*, de Lin.) *Mulet.*

Un des meilleurs *Poiſſons de Mer*, qui ſe prend en très grande quantité aux bords de la *Mer Noire*, & ſurtout aux environs de *Koſlow* & de *Caffa*. Sa longueur eſt depuis ½ juſqu'à ¾ d'Archine, la figure alongée, mince & preſque ronde. Sa tête eſt large & aplatie; ſes écailles ſont groſſes, ronde-lettes, d'un blanc-argentin, à l'exception du dos, qui eſt un peu foncé.

Sa chair eſt blanche, graſſe, agréable au goût, & preſque ſans arrêtes. Il eſt propre à être ſalé & fumé, & ſes œufs, connus en *Italie* ſous le nom de *Boutargo*, ſe préparent d'une maniere particuliere, & ſont d'un goût excellent. Mais dans les en-droits de la *Crimée* cy-deſſus marqués, on les prépare de la maniere ſuivante: au ſor-tir du ventre du *Poiſſon* on les plonge avec leur veſſie même, dans une forte ſaumure, & on les laiſſe aërer. Lorſqu'on les juge prêts, on les recouvre de cire fondue, afin qu'ils ne ſe corrompent pas: de cette

façon

façon on les conserve longtems, & on peut les transporter alors partout.

Le tems de la vraie pêche de ce *Poisson*, est le Printems & l'Automne, & l'on dit, qu'à l'instar des *Harengs*, il a tout les ans des passages reglés dans l'ordre suivant. Tout au commencement du Printems, il entre, par grandes bandes, du *Détroit de Constantinople* dans la *Mer Noire*, où il suit la côte *Occidentale* jusqu'à l'*Embouchure* du *Don*. De là il se dirige droit vers la *Presqu'ile de la Tauride*, & s'y montre ordinairement, en premier lieu, aux environs de *Koflow*, dans les Mois de Mars. Il employe trois mois entiers pour côtoyer toute la *Presqu'ile*, & franchit ensuite le *Détroit de Tenicalé* pour entrer dans la *Mer d'Azow*, où il ne reste que le mois de juin & de juillet: après quoi il employe encore trois mois pour rebrousser chemin, repassant dans sa route rétrograde jusqu'au *Canal de Constantinople*, par les mêmes endroits qu'à son arrivée. De là il passe probablement dans la *Méditerranée*, puisqu'on y en prend aussi en abondance.

Quant à la maniere de le prendre, les *Tartares* employent à cet effet, la même sorte de *Filets* ronds, avec lesquels ils

pren-

prennent auſſi tous les autres *Poiſſons.* Ils ſortent pour cette *Pêche*, la plupart du tems la nuit; parceque ce *Poiſſon*, ainſi que les *Anchois*, ſe laiſſe attirer par la lumiere, & les pêcheurs qui ſe pourvoyent toujours dans ces cas, de Bois réſineux allumé, appellent cette *Pêche*: *prendre le Poiſſon à la lumiere.* Le *Filet* dont ils ſe ſervent, eſt celui qu'on nomme en France, L'*Epervier.* Jetté dans l'eau, il forme un grand cercle, dont les bords ſont chargés de plomb, & qui par leur poids, ſe ferment au fond de l'eau de maniere que le *Poiſſon* qui ſe trouve dans l'interieur de ce filet, y reſte comme dans un ſac. Pour retirer ce filet, il faut une adreſſe particuliere.

2. Le Maquerau. (*Scombrus. Scomber.*) Mackrel.

Ce *Poiſſon* eſt aſſez connu en Europe. On le prend dans le port de *Sévaſtopolſk* & aux environs de *Caffa*, & c'eſt le plus communément en Automne qu'on en rencontre en abondance; parcequ'il apartient au genre des *Poiſſons de Paſſage.*

Sa longueur eſt d'environ ½ Archine; il a le corps un peu rond, gros & couvert

de

de très petites écailles (*a*). ſon bec eſt aigu, & ſa queue largement fourchue. Sa
couleur eſt d'un blanc-brillant à la partie
inférieure du corps, & bleu-verdâtre à
la ſupérieure, avec des bandes noires trans-
verſales. Sa chair eſt fort graſſe & renom-
mée pour le goût. Les Ecrivains diſent
qu'on le Sale en *Ecoſſe* comme les *Harengs*.

3. Le Rouget barbé, ou Sur-mulet barbu.
(*Mullus barbatus*) *Red Surmu'at*.

Il ſe prend, mais rarement, dans le Port
de *Sevaſtopolſk*. Il croît juſqu'à 6. & 7.
Verſchocs. Son goût exquis & ſa beauté,
l'ont fait appeller à *Conſtantinople Poiſſon
du Sultan*, & il eſt compté partout pour
le meilleur *Poiſſon*.

Il eſt couvert de très mince écailles
blanc-brillantes qui recouvrent une peau
rouge-clai e, dont la couleur perce au travers des écailles, & fait paroître tout le
corps teint d'une beau roſe, qu'on n'aperçoit pas ſi bien dans le *Poiſſon* vivant, que
lorſqu'il eſt mort. Le

(*a*) Le Maquereau de la *Tauride* ſeroit-il le même
que celui de la *France* ou de la *Hollande*, &c L'En-
cyclopédie aſſure poſitivement que ce *Poiſſon eſt ſans
écailles & qu'il croît juſqu'à une coudée....* Il ſe prend en
France, au Printems, & dans la *Tauride* en Automne,

Le dos & la tête font convexes, & il a deux barbes à la machoire inférieure. Selon plufieurs Ecrivains, ce *Poiffon* étoit fi eftimé chez les Romains, qu'on le vendoit au poids d'Argent.

4. Le Scorpion de Mer, ou le Scorpene. (*Cottus Scorpius.*) *Father tafcher.*

Il fe prend en affez grande quantité dans le Port de *Sévaftopolsk*. Des aiguilles aigues qui fe trouvent fur la tête de ce *Poiffon*, lui ont fait donner le nom de *Scorpion*, dans les langues étrangeres; mais à caufe de fa peau chagrinée & de fon goût, d'autres l'appellent *Perche*, dont il a à peu près la grandeur.

Sa tête eft finguliérement grande, & furpaffe la groffeur de tout le corps. Le dos, les côtés & la queue font bigarés de taches & de rayes rougeâtres tirant un peu fur le jaune. Son goût eft agréable, & il paffe pour être fain. Il fe trouve, au refte, dans d'autres *Mers Européenes*.

5. Boulerot. (*Gobius niger.*)

Il fe trouve en quantité aux environs des Bords de la *Mer Noire*, d'*Azow* & dans le *Détroit de Yenicalé*.

Les *Anglois* l'appellent *Roc - fish*, parce-qu'on le rencontre pour la plupart parmi

les

les roches; & il eſt de très bon goût. Toute
ſa longueur ne va guere au de-là de 4 ou
de 5. *Verſchocs*, & ſon corps mince, un
peu rond, eſt couvert d'une peau chagrinée.

Sa tête eſt large & écraſée. La partie
ſupérieure du corps, eſt noirâtre & l'inférieure blanchâtre tirant ſur le jaunâtre. On
le prend dans toutes les mers presque, &
dans les environs de la *Caſpienne*, on le
nomme *Tſchebak*.

6. Paganello, des Venitiens. (*Gobius paga-
nellus.*

Il eſt de la même eſpece, du même goût,
& ſe prend dans les mêmes eaux, que le
Boulerot, & n'en différe que par la couleur
jaunâtre de tout ſon corps, & par des
rayes brunes qu'il a au bout de ſes nageoires du dos.

7. Sole. (*Pleuronectes. Solea.*) *Sole.*

En quantité, dans toutes les *Mers de la
Tauride*, & particuliérement dans le *Sivaſche*; mais les *Tartares* ne le mangent pas;
ils en ont même une certaine répugnance.
Au reſte ce *Poiſſon* eſt aſſez connu partout.

8. Spratte. Sardine, ou Melette. (*Clupea
Sprattus.*) *Sprat.*

Dans le *Port de Sévaſtopolsk* & dans le

                          Détroit

Détroit de Yenicalé; mais en quantité remarquable dans le *Golfe d'Azow* à l'Embouchure du *Sivasche*. Il différe des véritables *Harengs*, par sa grandeur: il n'est pas rare d'en prendre d'un ¼ *Archine* de longueur. D'ailleurs il est beaucoup plus large & plus mince que les *Harengs*. Son ventre est plat & aigu, & son goût n'en aproche pas. Il se trouve dans d'autres *Mers Européennes*.

9. La Sardelle, ou Anchois. (*Clupea encrassicolus.*) *Sardin.*

Elle se trouve dans les *Mers Noire* & d'*Azow*, & surtout dans le voisinage d'*Arabat*; & c'est la vraie espece de celles qu'on sale dans plusieurs pays. Mais jusqu'à présent on ne la prend qu'occasionnellement, avec les autres poissons, & elle n'est guere employée.

Cependant comme elle se rencontre assez souvent, quoique les filets dont on se sert à cette pêche, soient à mailles larges, on doit en conclure qu'il se trouve en abondance dans ces *Mers*, & espérer qu'on saura avec le tems en tirer parti.

10. Paste-

10. Paftenague, ou la Ferrace *(a)*. *Raja Paf-*
tinaca.) *Sting*, *fire-flaire.*

Cet étrange animal fe rencontre en quantité aux environs de *Taman* dans le *Dé-*
troit de Yenicalé, ainfi que dans les *Mers*
Noire & *d'Azow*, mais pas auffi abondamment Il fe compte parmi les *Poiffons*. Mais
proprement c'eft un *Animal amphibie*, qui
différe des Poiffons & par fon air & par fa
forme. Son corps, couvert d'une peau liffe,
eft arrondi, plat, & presqu'auffi long que
large, ayant plus d'un $\frac{1}{2}$ Archine de diamêtre: il eft noirâtre dans la partie fupérieure,
& blanc en deffous. La tête un peu ronde,
& un peu aplatie en deffus, avec de grands
yeux faillans. ..

La queue longue, mince, ronde, plus
groffe vers la racine & au bout de laquelle
fe trouve une aiguille offeufe, pointue &
dentelée de deux côtés, longue de 4 *Ver-*
fchocs, & qui fert d'arme défenfive à l'*Ani-*
mal; car il donne des coups très forts &
fait des bleffures profondes à ceux qui s'en
aprochent dans l'eau. Plufieurs affurent même, que fes coups font fi affenés, qu'ils
percent la jambe d'un homme jufqu'à l'os.
Des Ecrivains anciens & modernes penfent
que

____
(a) On l'apelle auffi *Tureronde* & *Tourterelle.*

que cette *Aiguille osseuse* est venimeuse ; mais on n'a point d'exemple dans la *Tauride* qui constate l'existence de ce venin, quoique des *Pêcheurs* en ayent été blessés quelquefois.

Au reste, cet animal n'est bon à rien : sa chair est de mauvais goût, & n'est pas propre à la nourriture, quoiqu'on ait essayé dans quelques endroits d'en faire usage.

Le nom de *Pastenague* lui a été donné dans les langues étrangeres, à cause de la ressemblance de sa queue au *Pastenade* ou au *Panais*.

En conséquence le nom Russe de *Chat-marin*, lui convient encore moins ; car il n'a aucune ressemblance au *Chat*.

11. Trompette. Serpent de Mer. (*Syngnathus pelagius.*) où le *Cheval marin*. Elle se rencontre dans la *Mer Noire*, aux environs de *Caffa* & dans le Port de *Sévastopolsk* ; d'ailleurs elle est assez connue partout, puisqu'elle se trouve dans toutes les *Mers*. Comme on ne sauroit l'employer à quoi que ce soit, elle ne mérite d'être observée qu'à cause de sa singuliere forme. Elle a quelque fois $\frac{1}{2}$ *Archine* de longueur : son corps est mince, alongé, ressemblant

à

à celui du *Serpent*, & depuis la tête jusqu'à l'anus, heptagone; de là juſqu'à la
queue, quadrilatere. Le bec mince &
long, comme celui de l'*Eſturgeon*. Ses
écailles ſont en forme de boucliers quar-
rés, & longitudinalement placées par rangs,
noirâtres dans la partie ſupérieure du corps,
& jaunes dans l'inférieure.

12. Spare (*Sparus annularis.*)

Il ſe rencontre dans le *Port de Sévaſtopolsk* ; mais quant aux autres *Mers*, il ſe
prend le plus ſouvent dans l'*Adriatique*,
où ſon nom même lui a été donné. Il res-
ſemble à une *Brême*, mais il eſt beaucoup
plus petit. Il eſt couvert d'écailles jaunâtres, avec une tache ronde, noire, de
chaque côté de la queue. Son dos eſt aigu,
& la peau qui le recouvre, forme un ſillon
longitudinal profond, d'où ſortent les
aiguilles de ſes nageoires du dos. Il eſt
d'un goût agréable.

13. Pagel, ou Frangolino (*Sparus Erythrinus.*)

Il ſe rencontre, mais rarement, avec
le précédent; il eſt du nombre de ceux
qu'on pêche dans la *Méditerranée*. Il eſt
de la grandeur d'un *Able*. Son corps eſt
alongé, plat, & couvert partout d'écailles
rougeâtres, d'où on lui a donné dans quel-
quel-

quelques endroits de la *Méditerranée* le nom de *Rubellio*, ou de *Poisson-rouge*. Il est d'assez bon goût.

14. (*Labrus Turdus*, de Linné.) En Russe, *Tanche de Mer*, ou *grive de Mer*.

Dans le même *Port*, & dans les autres Mers Européennes.

Il n'est, à beaucoup près, ni aussi grand qu'une *Tanche* commune, ni de la même race. Il est de forme alongée-platte, large, & partout verd-clair. Sa queue n'est point fourchue, mais pleine & un peu arrondie vers le bout. Mais il ressemble à la *Tanche* par le goût.

15. (*Blennius Pholis*, de Linné.)

Il se rencontre dans le même *Port* avec le précédent, ainsi que dans l'*Océan* & dans la *Méditerranée*. Sa longueur est de 4. ou 5. *verschoes:* sa tête est pointue vers le haut, & son ventre saillant & fort enflé; la queue longue & platte; les nageoires du dos, formées d'aiguilles pointues, commencent immédiatement derriere la tête, & continuent jusqu'à la queue. Les nageoires du ventre consistent en deux petites plumes molles. Il n'a aucune écaille sur le corps, qui n'est couvert que d'une peau lisse, noirâtre sur le dos & sur les

cô.

côtés; mais blanc au ventre & à tou*e la partie inférieure du corps. Son goût eft médiocre.

16. Hepfel. (*Atherina hepfetus.*) *Atherine.*

Il fe rencontre avec les précédens, ainfi que dans d'autres endroits, & en plus grande quantité dans la *Méditerranée.* Il eft d'un doigt de longueur, mince, & presque rond. Sa couleur eft d'un jaunâtre pâle, & à chaque côté, il a le long de tout le corps une raye large argentine, qui lui donne un très bel air. On en fait peu d'ufage, à caufe de fa petiteffe.

17. Le Barbeau (*Cyprinus.*) *Carp.*

Il fe prend, mais rarement, avec les précédens. Sa taille a un peu plus de $\frac{1}{4}$ d'*Archine.* Le dos & les côtés font d'un bleu luifant, & les derniers font rayés de noir en forme de mailles: le deffus du corps eft blanchâtre. Il a deux barbes à la machoire fupérieure, & aucune à l'inférieure; ce qui le diftingue de la *Carpe* commune.

LES TESTACÉS DES RIVIERES ET DE MER.

Si les eaux de la *Contrée de la Tauride* abondent en diverses especes de *Poiſſons*, elles en fourniſſent encore autant de celles des *Teſtacés*. Nous allons indiquer ici celles qui y ſont dejà connues.

1. L'Ecreviſſe. (*Cander aſtacus.*) *Crawfish.*

On en trouve en quantité dans différentes *Rivieres & Ruiſſeaux*, & ſurtout dans le *Salghire*. Dans le *grand* & le *petit Caraſſou*, elle eſt même d'une grandeur remarquable, & d'un goût excellent.

Elle ne différe, au reſte, en rien de celles des autres pays.

2. Cancre marbré, ou Crabe. (*Cancer depurator.*)

Aux environs de tous les Bords de la *Mer Noire*. Son écaille a 2. *Verſchocs* de diametre, dont la partie ſupérieure eſt noirâtre, piquée de petites taches blanches & comme marbrée, d'où lui vient le ſurnom François. Tout le deſſous eſt blanc-jaunâtre. Aux bords de cette écaille, il a 10 jambes, y compris les tenailles, celles-ci ſont courtes, groſſes, & ſerrées vers l'extrétrémité. En les ouvrant, on les trouve compofées de 2. doigts, & d'un 3e. immobile, court & pointu. Leurs deffus & deffous font de la couleur du corps; mais leurs bords font jaunes rougeâtres, avec des petites taches noires. La queue eft repliée vers la partie inférieure du corps, & y adhére fortement. Cette efpece d'ecreviffes fe trouve le plus dans la *Méditerranée*, & a le goût très bon.

3. Chevrette ou Crevette. (*Cancer Squilla.*)

Dans les mêmes endroits. Elle reffemble un peu à l'*Ecreviffe* des rivieres; mais elle en différe par la taille, & par quelques autres caractercs. Elle furpaffe rarement les $1\frac{1}{2}$ *verfchocs* en longueur. L'écaille eft fi courte, qu'elle ne couvre guere plus de la moitié du dos, & s'avance en bec pointu & dentelé au milieu, ayant en haut 5. & en bas 4. de ces dentelets. Derriere elle eft coupée en demi-lune, & liffe & arrondi aux bords. La queue repliée en bas, eft plus longue que tout le corps, & compofée de 7. boucliers, dont le dernier a 2. pointes au bout. Elle a en tout 12. jambes, dont la 2e paire contient fes tenailles, qui font très petites & compofées de 2. doigts égaux. Ses barbes font plus longues que tout le

refte

reſte du corps. Sa couleur eſt b'anche; mais après la cuiſſon elle devient, comme les *Ecreviſſes des Rivieres*, d'un rouge-clair. Sa chair eſt d'un bon goût, & elle ſe rencontre dans pluſieurs autres *Mers*.

4. L'Huitre (*Oſtrea edula*) *Oyſtre*.

Aux environs du Port de *Sévastopolsk* de *Balouclava* & dans la *Baye de Lambat ;* mais ſa grande abondance eſt auprès de *Caſſa*. Les *Huitres* de la *Tauride* ne différent de celles des autres pays, que par leur grandeur; car il eſt rare que le plus grand diametre de leurs coquilles ait plus de 2 *Verſchocs*. Quant au goût, elle ne céde en rien à aucunes. On les pêche près de Caffa avec l'inſtrument uſité en *Europe*, appellé en France, *Drague*. Dans les autres endroits, où il n'y en a pas une ſi grande quantité, on les prend à la main aux bords de la *Mer*.

5. Moules (*Mutilus edulus*.) *Edible Muſſet*.

En quantité, aux environs presque de tous les Bords de la *Mer noire* & de celle d'*Azow*. Elles ne différent ni pour le goût ni pour la grandeur de celles des autres pays. On rencontre quelquefois dans leurs *Coquilles*, des *Perles* anguleuſes. Il eſt auſſi à obſerver que ſouvent ces *Coquilles* ſe trou-
trou-

trouvent liées entre elles par un fil fin, produits par les animaux qui les habitent·

6. La Coquille ridée. (*Cardium edule*, de Linné.)

Dans plufieurs endroits de la *Mer Noire*, & furtout dans le *Détroit de Yenicalé*, où la *Mer* en rejette immenfement fur le rivage de *Kertfch*.

Elle eft de l'efpece commune à toutes les *Mers de l'Europe*, & fervant à la nourriture. Elle égale en grandeur les petites *Huitres*, eft bivalve, compofée de deux valves convexes, couvertes en long de larges rides, & de trois rayes transverfales; fa couleur varie: elle eft tantôt blanche, tantôt jaune, ou rougeâtre, ou noire, & même mêlée de ces couleurs. Elles fervent à orner les grottes.

7. La Coquille dentelée. (*Cardium Serratum*, de Linné.)

Elle fe trouve avec la précédente, & en quantité: elle eft plus petite, mais également couverte de rides, beaucoup plus minces, & auprès d'eux, au fond & aux bords de la *Valve*, elle a quelques dentelets, en forme de peigne. Elle eft auffi de différentes couleurs, fe trouve dans la *Méditerranée*, & n'eft point employée en nourriture.

T

8. La

8. La Coquille liffe. (*Oftrea glabra*, de Linné.)

Avec les précédentes, & en quantité. Elle eft fi variée dans fes couleurs qu'elle devient par là une des belles efpeces. Sa forme eft presque ronde, un peu platte, & très liffe, n'ayant pas plus d'un *Verfchoc* de diamêtre. Elle eft bivalve, bigarrée en long de raies larges: à côté de la charniere font deux apendices en forme d'ailes.

Sa couleur ordinaire eft rouge-clair, jaune, blanche & noire; mais il arrive auffi qu'elle eft fi bigarrée & veinée de différentes couleurs qu'elle fert effectivement d'embelliffement aux *Grottes*. Au refte elle fe trouve le plus fouvent, dans la *Mediterranée*.

9. Manche de Couteau. (*Solen Siliqua*, de Linné.) *Pod - Razor*.

Le long des bords de la *Mer-Noire*, en différens endroits. Elle eft d'une forme alongée, étroite, compofée de deux valves minces, reffemblant à des *Ecoffes* de pois: auffi dans quelques pays lui en a-t-on donné le nom. Sa couleur eft blanchâtre tirant fur le jaunâtre; elle fe trouve dans la plupart des *Mers de l'Europe*.

10. Le grand Limaçon bigarré.

En quantité dans la *Mer Noire* & dans le
Détroit

Détroit de Yenicalé près de *Kertſch*. Il eſt presque rond, plat, & conſiſte en trois contours ſeulement. Il eſt bigarré de rayes noires, blanches & jaunes.

11. *Le Petit Limaçon raboteux*.

Il ſe rencontre avec le précédent. Il eſt de forme alongée & compoſé de 5 contours. Son ouverture, à gauche, eſt fort étroite: Sa couleur variée & bigarrée de noir, de jaune & de blanc, eſt accompagnée d'ondes raboteuſes qui recouvrent toute ſa ſurface en long & en large.

LES ANIMAUX AMPHIBIES ET LES REPTILES.

Entre autres bienfaits que la Nature à accordés à la *Tauride*, on doit compter auſſi celui de l'avoir pourvu de très peu d'Animaux apartenans à cette claſſe-ci. Il eſt même à remarquer, qu'on y rencontre très rarement des *Reptiles*: encore ſont-ils pour la plupart des eſpeces qui ne ſont pas nuiſibles, quoique ſuivant la nature du *Climat* & du *Sol*, il eut pû y en avoir de plus dangereuſes.

Pour faire connoître ceux des *Reptiles* qui ſe trouvent ici le plus, nous allons rendre

compte

compte de tous les *Animaux* de ce genre, connus jusqu'à préfent dans la *Tauride*.

1°. La Tortue d'Eau douce. (*Tesdudo lutaria,* de Linné.)

Elle fe rencontre dans la vafe des *Rivieres* qui descendent des *Montagnes.*

2. La Grenouille aquatique. (*Rana temporaria,* de Lin.)

Dans tous les lieux humides, le long des rives.

3. La Grenouille aquatique verte. (*Rana exculenta,* de Lin.)

Avec la précédente, dont elle differe par fa couleur verte du dos, & par trois rayes jaunes.

4. La Grenouille de Martin, ou Raîne. (*Rana arborea,* de Lin.)

Cette efpece particuliere de *grenouilles,* propre feulement aux climats chauds, fe rencontre ici quelquefois dans les jardins & dans les bois. Elle eft la plus petite de toutes les efpeces; car fa longueur ne furpaffe pas un *Verfchoc.* La partie fupérieure de fon corps eft unie, vert-clair, avec une bande foncée aux bords; & l'inférieure, blanche, un peu chagrinée. Cette *grenouille*

mérite

mérite d'autant plus d'attention, qu'elle vit toujours fur les arbres, adhérant par le bas à leurs feuilles, & fe nourriffant de mouches qu'elle attrape avec la gueule. On ne l'entend jamais crier de jour; mais la nuit elle donne un fon fin qui ne choque pas l'ouie, & ne reffemble en rien à celui des *Grenouilles d'Eau.*

5. Le Lézard verd. (*Lacerta agilis*, de Linné.) *Scaly Lizard.*

Il fe rencontre dans les *Plaines* & dans les *Montagnes.*

6. Le Lézard verd, avec des taches noires au dos. (*Lacerta punctata*, de Lin.)

Dans les mêmes endroits que le précédent, ainfi que dans d'autres contrées de la *Ruffie;* mais il eft plus rare.

7. Le petit Lézard bigarré. (*Lacerta agilis var.*)

Parmi les rochers des plus hautes *Montagnes Maritimes*, près de *Balouclava.* Sa longueur, du bout du nez jufqu'à la racine de la queue, ne furpaffe guere 1 *Verfchoc*, & fa queue eft beaucoup plus longue que le corps. La peau du dos eft unie, verte au milieu, mais jaune aux côtés avec des taches transverfales noires. Le deffous du corps eft blanc-verdâtre, avec 8. taches

bleu

bleu de ciel fur chacun des côtés. Le deffus
de la queue, eft verd-foncé, & le deffous
plus clair, couvert d'écailles aigues. Il a
5 doigts à chacun de fes pieds. Cette efpece
de *Lézards*, ne fe rencontre nulle autre
part en *Ruffie*.

8. La Couleuvre ordinaire. (*Coluber natrix.*)
Ringed Serpent.

Le long des bords des *Rivieres* & dans les
Bois. Il n'eft pas plus nuifible que partout
ailleurs; & il s'en trouve ici de deux efpeces. L'une eft noirâtre, avec des taches
orangées à coté du col: l'autre eft gris-clair,
avec des tâches noires au dos.

9. L'Afpic. (*Coluber afpis*, de Linné.)

On le rencontre, mais rarement, dans
les montagnes, & quoique cette efpece de
Serpens foit regardée comme venimeufe,
on n'entend conter rien de fâcheux des
fuites de fa morfure dans la *Tauride*. Il a
moins d'un *Archine* de longueur, & res-
femble à la *Couleuvre*. Sa tête eft platte, &
noirâtre, avec des rayes blanches en deffus.
Son corps eft couvert d'écailles alongées,
aigues, & bigarré de differente maniere. Il
a de grandes taches noires, ondées, fondues
enfemble & qui s'étendent tout le long du

dos avec d'autres intermédiaires, blanches & contournées.

Les côtés font gris-foncés, bigarrés en long de grands points noirs. Le deffous du corps eft en échiquier, étant couverts d'écailles blanches avec des points noirs.

Suivant *Bomare*, ce *Serpent* n'eft pas dan- gereux en *France* même, où l'on en ren- contre beaucoup ; & quoiqu'il s'appellât *Aspic*, il n'eft pas fûr encore que ce foit le même que celui que les *Anciens* appelloient de ce nom.

Outre les *Reptiles* ci-deffus indiqués, on prétend qu'on rencontre encore dans les *Montagnes* une forte de *Serpent* de la grande efpece. Mais felon les aparences, il eft fi rare, qu'on ne le connoit ici pour la plû- part, que fur des oui-dire.

LES INSECTES.

Vouloir rendre un compte détaillé des efpe- ces innombrables d'*Infectes* domiciliés dans la *Tauride*, feroit une entreprife de trop d'éten- due ; il nous refte donc à défigner feulement en général, celles qui par leurs propriétés utiles ou nuifibles, peuvent mériter notre attention.

T 4

Des

Des *Insectes* utiles, l'*Abeille* seule mérite d'être observée. Les habitans en ont en suffisante abondance ; car les lieux montueux y font d'autanc plus convenables, qu'ils renferment quantité de *Végétaux* propres à l'entretien des *Abeilles*. Mais leur meilleur *Miel* se trouve dans les cercles d'*Achmetschet* & de l'*Ancien Crime*, où il est particuliérement blanc & pur. Dans les autres lieux maritimes, il s'en trouve souvent un rougeâtre.

Les *Ruches* font nattées de branches d'arbres, en forme de cylindre. On les enduit d'*Argile*, par dehors, laissant seulement une petite ouverture à un des côtés, pour l'entrée des *Abeilles*.

On les place dans les cours & dans les jardins, par terre, ou bien on les pend à des arbres. Et dans quelques endroits, comme vers le haut d'*Alma*, on en pratique dans le creux des arbres.

L'art de blanchir la *Cire*, n'est pas encore en usage parmi les *Tartares*. Pour ce qui regarde les *Insectes* nuisibles, on n'en connoit que deux especes dans la *Tauride* & qui font communs aussi dans les autres contrées méridionales de la *Russie* ; savoir la *Tarentule* & la *scolopendre* (*scolopendra morsitans*.) *Mille-pieds*.

Les

Les premieres fe rencontrent dans des trous fouterreins, pour la plûpart dans les plaines entre *Dnieper* & *Salghir*, & dans la presqu'ile de *Kertsch*. Les dernieres fe voyent, mais rarement, dans les maifons fous le plancher & dans les murs. Mais on n'y voit guere d'exemple de leurs morfures, & les habitans n'en ont aucune inquiétude. En ceci, les lieux en queftion ont de la conformité avec ceux d'*Aftracan*; où malgré la quantité de *Tarentules*, l'on ne voit pas d'effets pareils à ceux qui font fi fréquens dans les autres parties méridionales de l'*Europe*.

Les *Coufins* font fi rares dans toute la *Tauride*, à l'exception des environs de *Dnieper*, qu'elle fe diftingue par-là des autres contrées méridionales de la *Ruffie*.

Quant aux *Punaifes* & aux *Teignes de nuit* (Bluta Polonica) (*Taracans* en Ruffe;) on n'en a jamais vu ici dans aucune maifon.

Réfumant tout ce qui vient d'être dit fur la *Tauride*; on peut fe répréfenter maintenant quels avantages & utilités, cette nouvelle acquifition

quifition renferme en foi par fes différens rapports généraux. Elle fournit dans les *Trois
Regnes*, non feulement les chofes néceffaires à
l'ufage de l'homme; mais toutes celles même
qui fervent aux agrémens de fa vie, & que
l'expérience, foutenue par l'encouragement,
amélioreroit, fans doute, infiniment; de façon
que le Cultivateur, le Vigneron & le Négo-
ciant, domiciliés ici, pourront fe procurer,
tant par leur induftrie que par la fituation même des Lieux, ou, pour ainfi dire, par les
produits fpontanés de la terre, les avantages
les plus effentiels & les fatisfactions les plus
douces.

F**IN DE LA** III**e ET DERNIERE**
P**ARTIE.**

9 782329 397290